黄渤海滨海水产养殖与水母暴发

Coastal Aquaculture and Jellyfish Blooms in the Yellow Sea and the Bohai Sea

董志军　著

海洋出版社

2023年·北京

图书在版编目（CIP）数据

黄渤海滨海水产养殖与水母暴发 / 董志军著. —北京 : 海洋出版社, 2023.3

ISBN 978-7-5210-0902-6

Ⅰ. ①黄… Ⅱ. ①董… Ⅲ. ①黄海－海水养殖－海水污染－研究②渤海－海水养殖－海水污染－研究 Ⅳ. ①X714

中国国家版本馆CIP数据核字(2023)第037657号

责任编辑：杨　明
责任印制：安　淼

海洋出版社 出版发行
http://www.oceanpress.com.cn
北京市海淀区大慧寺路 8 号　邮编：100081
鸿博昊天科技有限公司印刷　新华书店北京发行所经销
2023年3月第1版　2023年3月第1次印刷
开本：787 mm × 1092 mm　1 / 16　印张：8.25
字数：164千字　定价：60.00元
发行部：010-62100090　邮购部：010-62100072　总编室：010-62100034

序

水母暴发是我国及全球近岸海域面临的突出生态灾害问题，对沿海渔业、工业和旅游业等造成严重危害，因此，水母暴发机制、危害及防控措施是国内外研究者关注的前沿科学问题。水母暴发是人类活动和气候变化下海洋环境变化的综合结果，包括全球变暖、过度捕捞、富营养化、外来种入侵和海岸带工程建设均被认为是水母种群暴发的可能因素。

海岸带作为我国社会经济发展的重点区域，是港口建设、滨海水产养殖等人类活动的密集区。滨海水产养殖业是我国海洋渔业的重要组成部分，同样也遭受近岸海域生态灾害事件的影响。中国科学院烟台海岸带研究所水母研究团队自2008年开始开展水母灾害研究工作，围绕海洋水母灾害发生机制和防控策略开展了探索性研究工作。基于大量野外调查工作，对黄渤海滨海养殖区的水母种类进行了调查研究，证实黄渤海滨海养殖池人工礁是海月水母灾害的重要源头之一。同时，滨海养殖区大规模出现的水母对滨海养殖区养殖生物的影响及其防控措施，也是水产养殖从业者急切关注的问题。因此，本书重点从黄渤海滨海水产养殖与水母暴发相互作用的辩证角度出发，介绍了黄渤海滨海养殖区水母的生物学特征，探讨了黄渤海滨海养殖对水母暴发的影响，分析了水母暴发对滨海水产养殖的危害，提出了滨海养殖区有害水母灾害的防控措施。希冀本书的出版能为我国近岸海域水母灾害暴发机制研究提供科学依据，并为保障黄渤海滨海水产养殖业健康发展提供科技支撑。

本书由国家自然科学基金、中国科学院海岸带环境过程与生态修复重点实验室资助完成。在本书写作和出版过程中，得到了王方晗（参与第一章的撰写），孙婷婷（参与第二章的撰写），刘青青（参与第三章的撰写），彭赛君（参与第六章的撰写），王雷（参与第七章的撰写）和盛晓燕（参与全书的校对）的辛勤贡献，为此书成稿提供了重要帮助，在此谨对所有支持和协助本书写作和出版的人员表示诚挚的谢意。由于著者能力和时间有限，本书中的错误和不足之处，恳请专家、读者批评指正。

目 录

第一章　黄渤海滨海水产养殖概况

黄渤海地处江苏、山东半岛、河北、天津及辽东半岛沿海，幅员辽阔，海洋生物资源丰富。宽敞的大陆架、适宜的水温、河流输入及海流交汇带来的有机质和营养盐为黄渤海带来了丰富多样的渔业资源，使其成为我国四大渔场之一。辽阔的海域和密布的内陆水域也为水产养殖业提供了广阔的发展空间，为黄渤海水产养殖业的健康持续发展提供了条件。

海水养殖是指人类利用滩涂、浅海、港湾及围塘等海域对藻类、鱼类、贝类及甲壳类等海洋经济作物进行人工饲养和繁殖的生产经营活动，是人类充分利用海洋生物资源得到海洋水产品的主要途径，在海洋渔业经济发展中起重要作用。

2019年我国渔业总产值为12 934.49亿元，其中海水养殖产值3 575.29亿元，海洋捕捞产值2 116.02亿元，海水养殖产值约为海洋捕捞产值的1.7倍；与上年相比，海水养殖产量同比增长1.68%，而海洋捕捞产量同比下降4.24%（2020中国渔业统计年鉴），海水养殖在海洋渔业经济中的作用越来越重要。

第一节　黄渤海滨海水产养殖的发展及现状

黄渤海滨海区域海水养殖历史悠久，自20世纪20年代在大连发现海带配子，于1932年从日本引进裙带菜，到20世纪50年代海带养殖相关产业升级，直接推动了黄渤海藻类养殖产业迅速发展，裙带菜成为部分海区的优势种。之后贻贝养殖开始出现，并于20世纪70年代进行大规模养殖，标志着我国浅海贝类养殖业的崛起，20世纪80年代牡蛎与扇贝养殖关键技术取得突破后，贝类养殖规模不断扩大，产量不断提高，成为黄渤海滨海养殖的最主要品种。同期，对虾人工育苗技术和配合饲料技术的逐渐完善，使对虾养殖面积和养殖产量迅速增加。鱼类养殖始于20世纪90年代，大菱鲆的引入与大规模养殖的成功，开启了我国第四次海水养殖浪潮。21世纪初，海珍品养殖发展迎来黄金时代，辽宁、山东等地成为我国海珍品养殖的重要基地。目前，黄渤海滨海养殖区域已形成了藻类、贝类、鱼类、虾蟹类和海珍品的综合养殖体系（图1-1）。

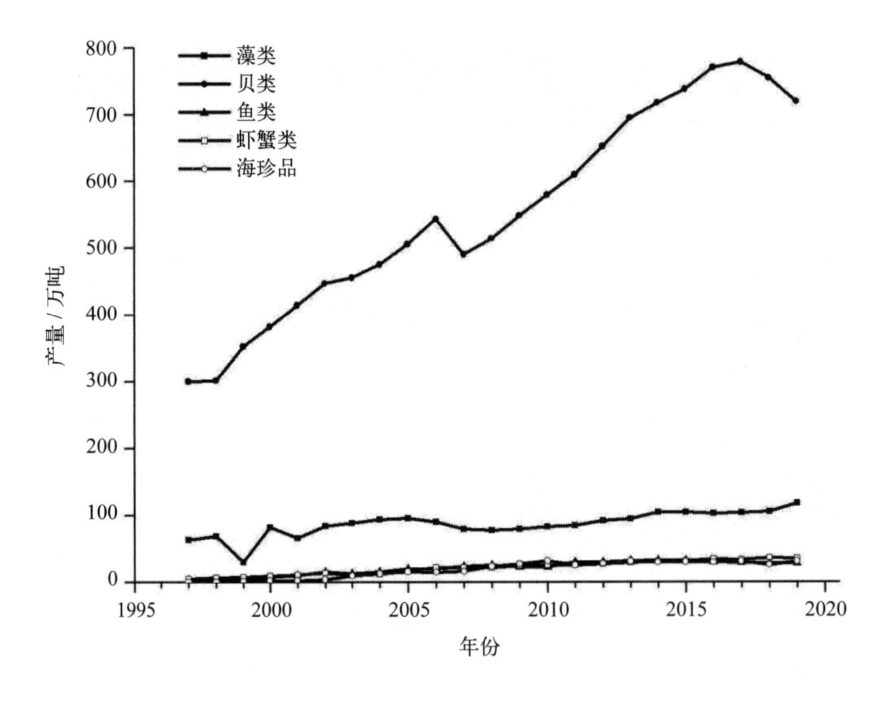

图1-1　黄渤海海水养殖各品种产量

黄渤海滨海水产养殖区域主要包括辽宁、河北、天津、山东及江苏（四省一市）的水产养殖区，海域辽阔，海岸线长，为滨海水产养殖业提供了得天独厚的条件。20世纪90年代后，海水养殖业发展迅速，养殖产量及养殖面积不断增加，海水养殖产量于2002年首次超过海洋捕捞量（图1-2）。2019年，黄渤海海水养殖面积已达1 511 123公顷，养殖产量一年可达928万吨，为海洋捕捞量的3.3倍，成为获取海洋产品的主要方式。同年，黄渤海海水养殖总产值为1 556.13亿元，占全国海水养殖产值的43.52%（2020中国渔业统计年鉴）。其中辽宁、山东两省由于海岸线较长，海水养殖环境条件优越，海水养殖业发展尤为迅速，天津、河北、江苏等地海水养殖业发展相对平缓，但养殖面积与养殖产量总体呈现上升趋势（图1-3和图1-4）。其中，山东省的海水养殖品种丰富，各类产量均相对较高，总产量持续领先，是我国重要的海水产品养殖大省。黄渤海滨海养殖方式多元，其中底播养殖与浅海筏式养殖为主要养殖方式，但天津由于地理位置与政策等原因，仅存在单一的工厂化池塘养殖方式，是我国工厂化海水养殖发展最快的区域之一。

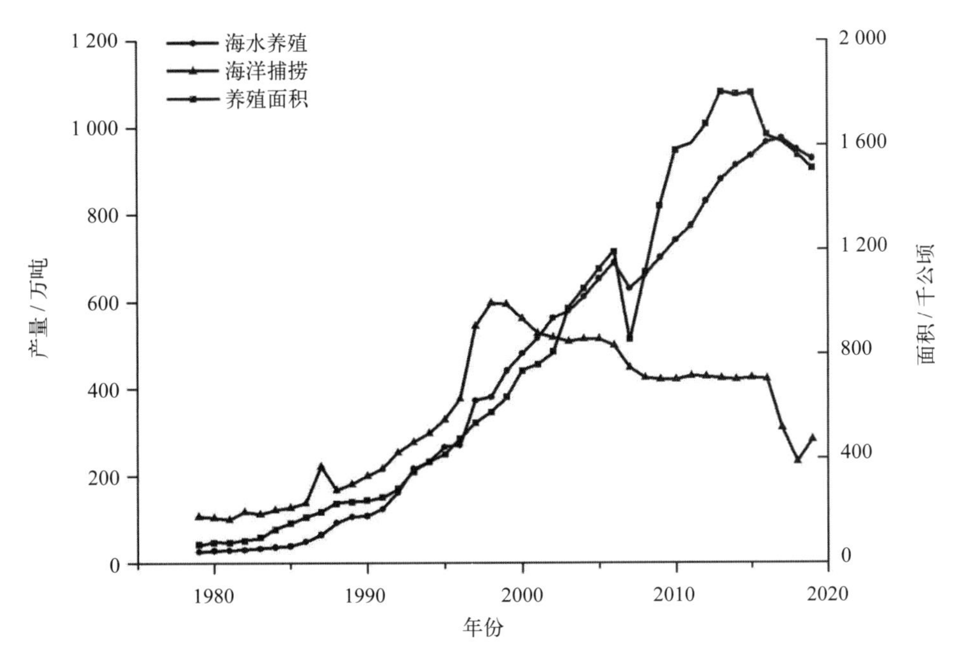

图1-2　黄渤海滨海海水养殖产业发展

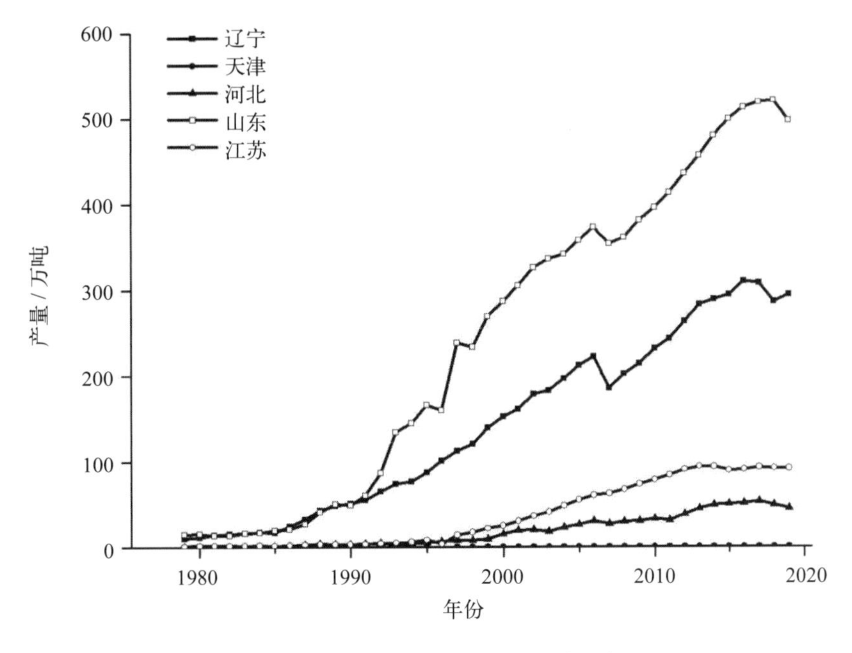

图1-3　黄渤海滨海各省市海水养殖产量

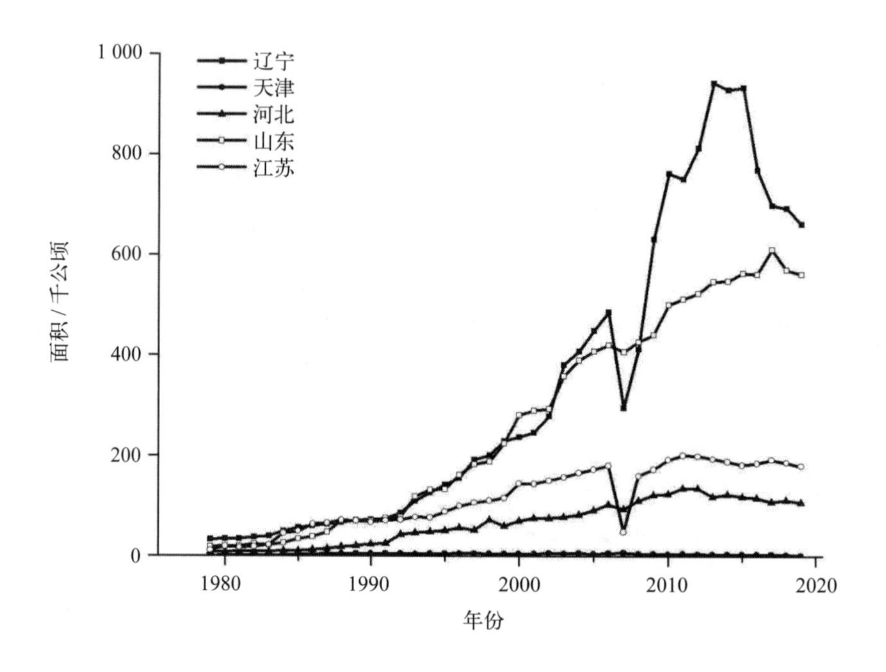

图1-4　黄渤海滨海各省市海水养殖面积

第二节　黄渤海滨海水产养殖的主要养殖品种

一、藻类

海藻是海洋生态系统中重要的初级生产者，对CO_2交换和富营养化水体的改善具有重要作用，同时也具有极高的食用、药用及工业价值，大面积养殖海藻可有效增加海洋吸收CO_2的能力，从而在一定程度上降低全球温室效应（曹万云等，2018）。

我国海水养殖的海藻种类丰富，黄渤海滨海人工养殖的海藻种类主要包括海带、裙带菜、紫菜、江蓠等大型经济藻类，主要养殖方式为浅海筏式养殖，多采用套养、轮养以提高经济效益。海带，别名昆布、江白菜，属褐藻门，常生长于海底的岩石上，藻体含有大量碘元素，食用价值和医用价值较高，为最早开展人工养殖试验的藻种。裙带菜属褐藻门，温带性海藻，属外来种，1932年从日本移植到我国大连，随后传播至渤海沿岸及山东省，成为山东部分局域海区的优势种（李宏基，1991）。裙带菜的粗蛋白、维生素的含量高于海带，是提取褐藻酸的重要原料，主要产地为辽宁大连，裙带菜与贝类轮养，与海带套养为常用的增产手段（杜佳垠，2007）。紫菜属红藻门，多生长在潮间带，具有极高的食用、医用价值，主要养殖品种为条斑紫菜（张盼盼等，2014）。

20世纪20年代大连发现海带配子体植物并开展人工养殖试验，20世纪50年代海带养殖技术的突破促进了相关产业升级，掀起了人工养殖海藻的浪潮，直接推动了紫菜等其他海藻养殖产业的发展（康慧宇等，2018）。之后随着科技的不断突破，我国海藻养殖面积不断扩大，产量不断提高，人工养殖海藻产量跃居世界首位。至2019年，黄渤海藻类养殖产量已达1 172 891吨，占全国藻类养殖产量的46.2%（2020中国渔业统计年鉴）。其中海带产量最高，且在四省中均存在养殖。其次为裙带菜，主要分布在辽宁省和山东省；紫菜养殖主要分布在江苏省；江蓠产量最低，仅在山东省养殖。

黄渤海滨海藻类养殖历史悠久，养殖技术相对成熟，产量高，处于世界领先水平，但仍存在着苗种品种较少、原藻产量和质量受环境影响较大（康慧宇等，2018）、种质退化、养殖区域污染严重、产值效益较低等问题，有待进一步的完善与发展（张盼盼等，2014）。

二、贝类

贝类为黄渤海滨海水产养殖中面积最大、产量最高的种类，2019年贝类养殖面积占黄渤海海水养殖总面积的65.8%，产量占黄渤海海水养殖总产量的77.42%，占据主导地位（2020中国渔业统计年鉴）。养殖品种有牡蛎、贻贝、扇贝、蛤、螺和蛏等，其中牡蛎、贻贝及扇贝产量较高。贝类养殖在黄渤海的主要产地为山东省和辽宁省，养殖方式主要有滩涂养殖、浅海筏式养殖、池塘养殖及工厂化养殖等。

牡蛎为我国四大传统养殖贝类之一，其中20世纪80年代从日本引进的太平洋牡蛎具有生长周期短、产量高、质量好等优点，成为黄渤海区域牡蛎养殖的主要品种之一。牡蛎养殖主要为筏式养殖，生产成本低、管理方便、效益高，因此渔民养殖积极性高，养殖面积及养殖产量不断增加（于瑞海等，2008）。

贻贝属双壳类软体动物，营养价值和药用价值高，且生长速度快、生命力强，是我国贝类养殖产业中的重要物种。黄渤海贻贝养殖始于20世纪50年代，20世纪70年代开始规模化，标志着我国浅海贝类养殖业的崛起，此后贻贝养殖产量不断增加，2019年的产量比1990年高出数十倍之多，达到近70万吨，占比超过世界贻贝养殖产量的50%（2020中国渔业统计年鉴）。山东威海为贻贝养殖规模最大的产地，年产量高达50万吨，占据全国首位，约占世界贻贝总产量的40%。贻贝养殖主要采用吊笼养殖，具有产量高、周期短、质量高、采收方便的特点（程海等，2019）。

扇贝为扇贝属的双壳类软体动物的代称，食用价值高，是我国重要经济贝类，年养殖产量占世界扇贝类年养殖产量的80%以上，在山东、辽宁沿海均有大规模养殖。常见养殖种类有海湾扇贝、栉孔扇贝和虾夷扇贝，目前已形成以山东省为苗种扩繁、辽宁省为养殖生产的发展格局。黄渤海区域一直存在扇贝的自然分布，随着市场需求扩大，开始出现人工养殖。20世纪70年代初期，主要通过采集野生贝苗进行养殖，20世纪70年代末，随着人工育苗试验及半人工采苗试验的成功，扇贝养殖业发展迅速，逐渐成为海水养殖主导品种。1990年后，扇贝养殖面积直线上升，成为我国海水养殖第三次浪潮的标志。但随着养殖密度的不断增加，超负荷的养殖导致1997年和1998年连续两年出现养殖扇贝大规模死亡现象，给扇贝养殖业带来毁灭性打击，严重阻碍了贝类养殖的发展（李成林等，2011）。

我国贝类养殖大致经历“天然采捕-半人工采苗-人工育苗”阶段，自20世纪70年代后，杂交育种、四倍体育种等育种技术飞速发展，与其他养殖种类混养与轮养的技术也日益成熟，贝类养殖的经济效益与生态效益不断提高（王如才等，2004），已成为黄渤海滨海水产养殖主导产业。目前贝类养殖仍存在海域污染严重，受环境灾害影响较大；新品种、新型药物的研发能力较弱，导致养殖成本增加；超负荷养殖导致病害、种质退化及海域生态系统退化等问题，需要优化养殖环境、加大科技创新力度、完善管理体制（王波等，2017）。

三、虾、蟹类

黄渤海区域虾蟹类养殖产量占比不高，2019年养殖产量为348 738吨，仅占黄渤海总海水养殖产量的3.75%，蟹类养殖产量不到1%。养殖种类主要有南美白对虾、中国对虾、日本对虾、梭子蟹和青蟹，虾类养殖主要分布在山东，蟹类养殖主要地点为江苏和山东（2020中国渔业统计年鉴）。黄渤海虾蟹类养殖主要采用工厂化养殖及池塘养殖，其中蟹类适宜单养，而对虾一般与鱼类、贝类、海参或藻类混养，以改善对虾单养的缺陷，提高经济效益及生态效益。

南美白对虾生长快，食性杂，适应性强，适宜养殖，于1988年从美国夏威夷引入我国，开始进行人工繁殖试验，获得小批量虾苗，1999年再次引进种虾及繁育技术，在沿海地区大规模推广养殖（黄凯等，2002），同时工厂化对虾养殖技术迅速发展，南美白对虾产量迅速提高，逐渐成为黄渤海乃至全国海水养殖的主要虾类（朱林等，2019）。

对虾养殖最早是将野生虾苗与鱼类在池塘中混养，养殖产量较低。20世纪70年代后，随着对虾人工育苗技术和配合饲料技术的逐渐完善，精养和半精养模式迅速发展，20世纪80年代，对虾养殖面积和养殖产量迅速提高，掀起我国海水养殖第二次浪潮。但由于养殖布局不合理，养殖技术落后，缺乏管理等问题，1993—1994年对虾流行性病害爆发和蔓延给对虾养殖产业带来毁灭性打击（王岩，2004）。20世纪90年代末，南美白对虾的成功繁育及工厂化养殖技术和池塘混养模式的发展，使对虾养殖规模与养殖产量开始恢复性增长，增殖放流活动的开展也为对虾养殖业带来可观的经济收益。

四、鱼类

鱼类并非黄渤海区域的主要海水养殖品种，2019年养殖面积仅占黄渤海海水养殖总面积的1.3%，养殖产量约占养殖总产量的2.9%，主要养殖品种为鲈鱼、鲆鱼和鲷鱼。黄渤海区域鱼类海水养殖主要分布在江苏、山东及辽宁，其中山东鱼类海水养殖产量最高，约占黄渤海鱼类海水养殖总产量的38.2%（2020中国渔业统计年鉴）。鱼类养殖一般采用网箱养殖及工厂化养殖。

我国是世界上最早进行海水鱼类养殖的国家之一，明朝就有鲻鱼养殖的记载，虽然海水鱼类养殖历史悠久，但发展缓慢，多停留在粗养阶段，产量低下。直至20世纪70年代末，海水网箱养殖技术迅速发展后，鱼类海水养殖才开始大规模进行，成为新的水产支柱产业（洪万树等，2001）。

鲈鱼，为沿海广温性鱼类，分布于中国、朝鲜半岛和日本沿海，在我国黄渤海多有分布。鲈鱼具有个体较大、肉质鲜美、生长速度快等特点，适宜养殖，我国科研人员于20世纪50年代开始研究其生物学特点，于1993年在莱州市成功获得仔鱼（毕庶万等，1995），随后开启鲈鱼的大规模海水养殖。

大菱鲆，鲽形目鲆科，生长周期短，低温耐受性强，品质好，是世界上养殖范围最广、养殖产量最大的鲆鲽类品种，也是我国目前引入最为成功的海水鱼（雷霁霖，2005）。大菱鲆于1992年引入我国，1999年突破规模化苗种生产，发展“温室大棚+深井海水”的工厂化养殖模式，促进了我国第四次海水养殖浪潮的发展。养殖区域始于山东莱州，之后迅速扩大至山东全省、辽宁、河北、天津、江苏和福建等沿海省市，养殖规模不断扩大，于2005年大菱鲆养殖产量跃居世界首位（雷霁霖等，2012）。

五、海珍品

黄渤海区域海水养殖的海珍品主要有海参及海胆，多采用吊笼养殖、底播养殖及池塘养殖，养殖面积较大，2019年达到274 281公顷，占黄渤海海水养殖总面积的18.2%，其养殖产量占全国海珍品养殖产量的80.6%，主要分布在山东省和辽宁省（2020中国渔业统计年鉴），为我国重要的海珍品产地。

海参营养丰富，味道鲜美，自古就与鲍鱼等列为“海八珍”，拥有巨大的市场。目前全球共有40余种可食用海参，其中质量最好的刺参在黄渤海区域广泛分布，黄渤海海域拥有众多海湾、岛屿，海岸线较长，为刺参的人工养殖提供了得天独厚的条件。我国于20世纪50年代开始研究海参的人工培养与养殖技术，20世纪60年代在黄海北部开展海参底播增殖和浮筏养殖，突破杂交育苗的关键技术（胡玉林，2016），并于20世纪70年代成功实现海参天然海水人工养殖（王儒胜，2019），之后开始进行大规模高密度的刺参养殖，20世纪90年代后刺参的养殖方式与技术不断完善，进一步推进刺参养殖的高速发展（黄华伟等，2007）。2003—2013年，在国家政策扶持下，海参养殖业迎来黄金时代，2015年有所下降，之后逐渐趋于平稳。目前，黄渤海区域主要的海参养殖基地有辽宁大连、山东青岛、烟台及威海等地，养殖规模及养殖产量均处于我国领先水平，并创立了各大知名海参品牌（王龙，2019）。

海胆属棘皮动物门、海胆纲，拥有较高的食用及药用价值，部分种类还被应用于生物学和胚胎学等学科，是重要的经济种类。我国已发现的海胆约有100种，但重要的经济种类不足10种，其中虾夷马粪海胆和光棘球海胆为黄渤海区域海胆养殖的主要种类。自1989年从日本引进虾夷马粪海胆，并进行种苗人工培育研究以来，海胆逐渐成为黄渤海水产养殖业的优良养殖品种。养殖方式主要包括筏式养殖、工厂化养殖、与其他养殖品种进行生态混养等（周玮等，2008）。

第三节　黄渤海滨海水产养殖的主要养殖方式

随着海水养殖技术的发展，黄渤海滨海水产养殖方式趋于多样化，包括浅海筏式养殖、网箱养殖、吊笼养殖、底播养殖、工厂化养殖、池塘养殖、滩涂养殖及增殖放流等（图1-5）。其中底播养殖和浅海筏式养殖在黄渤海滨海水产养殖业中规模较大，养殖产量占比较高，分别为37.9%和36.0%；网箱养殖规模较小，养殖产量最低且仅在辽宁省和山东省分布（2020中国渔业统计年鉴）。

浅海筏式养殖是指在浅海水面上利用浮子和绳索组成浮筏，并用缆绳固定于海底，使海藻（如海带、紫菜）和固着动物（如贻贝）幼苗固着在吊绳上，悬挂于浮筏的养殖方式。养殖场地一般选取在潮流通畅、风浪影响较小、无大量淡水注入、水质良好的海区。

目前，浅海筏式养殖种类以藻类、贝类为主，主要依靠海水中的营养物质和天然饵料，基本不进行饲料和药物投喂，因此能较为充分地利用海洋资源，且可开展多品种的轮养和套养，生产周期较短，成本较低，但经济和生态效益高，因此逐渐成为海水养殖业中最为重要的养殖方式。2019年，浅海筏式养殖产量占全国海水养殖总产量的29.9%，同比增长0.8%，但养殖面积减少4.1%，即单位面积养殖产量有显著升高（2020中国渔业统计年鉴）。

E　　F

图1-5　海水养殖的主要养殖方式

A. 浅海筏式养殖；B. 网箱养殖；C. 吊笼养殖；D. 底播养殖；
E. 工厂化养殖；F. 池塘养殖

一、浅海筏式养殖

2019年黄渤海区域浅海筏式养殖产量为3 347 332吨，占全国总浅海筏式养殖产量的54.2%，养殖面积为237 347公顷，占总浅海筏式养殖面积的73%。黄渤海区域浅海筏式养殖中，山东省养殖面积最大（41.5%），养殖产量最高（56.2%），天津市目前未采用浅海筏式养殖方式（2020中国渔业统计年鉴）。

以海带养殖为主的藻类和以贻贝、扇贝和牡蛎等为主的贝类一般采用浅海筏式养殖。筏架设置在水流畅通的区域，包括单绳筏和竹排浮阀等，主要结构有浮绠、桩缆、桩头、浮子和吊绳等部分，不同养殖品种的养成绳存在差异，如贻贝养殖采用红棕绳，牡蛎养殖采用胶皮绳，而扇贝养殖一般采用网笼。海带浅海筏式养殖的台筏设备与海湾扇贝大致相同，但增加了夹苗的苗绳，可根据生长状况调整吊绳长度，从而使海带保持在最适的光照强度下（刘秋明等，2002）。海带的浅海筏式养殖由最初的垂养发展到现在的平养，需根据不同的海区条件，选择合适的苗绳，紫菜浅海筏式养殖采用聚乙烯网帘，需适时晒帘。

浅海筏式养殖以其养殖种类生长速度快、产量高、成本低、管理方便等优点，在水产养殖业中不断推广，逐渐发展成为海洋贝类及海带养殖的主要方式，养殖面积大，产品养殖产量高。但由于许多养殖户片面追求低成本、高产量，导致养殖密度过大，超过海区的负载能力，从而产生一系列生态问题，不但造成养殖产品质量下降，对人类健康产生威胁，也对海域环境造成严重破坏，影响海水养殖产业的健康和可持续发展。

高密度的浅海筏式养殖会导致养殖贝类对海区生物资源的掠夺性利用，导致浮游植物生物量急剧下降，从而对生态系统的物种组成结构产生不利影响并导致养殖水体老化；养殖架上附着的其他生物的滤食和生物沉积对海区的理化性质产生影响；养殖贝类排泄物的剧增使水体富营养化程度加剧，增大赤潮发生的几率；大量粪便的累积也为病原细菌的滋生提供有利条件，为海水养殖带来较大风险（冯继兴等，2016）。

二、网箱养殖

网箱养殖主要分为普通网箱和深水网箱，分布于水域广阔的自然海区，养殖鱼类以人工投放的饵料和海区天然饵料为食，是一种机动灵活、投资少、效益高的海水养殖方式。网箱养殖的对象多为鱼类，在黄渤海主要为鲈鱼、大菱鲆、牙鲆、真鲷、六线鱼及黑鲪。

我国普通网箱养殖始于1973年，在全国20多个省、市、自治区中得到较大规模发展。深水抗风浪网箱养殖始于1998年夏海南省从挪威引进抗风浪深水网箱。与传统网箱相比，深水网箱成活率高，饵料系数低，单位面积产量高，经济、社会和生态效益显著，于2000年引进山东并形成较大规模（林德芳等，2002）。

2019年我国普通网箱养殖面积已达22 926 367平方米，深水网箱养殖体积达19 358 969立方米。海水普通网箱养殖基本分布于福建省，黄渤海区域养殖面积仅占11.1%；而深水网箱养殖则多分布于海南省及浙江省，黄渤海区域养殖面积占11.6%。在黄渤海区域，网箱养殖仅分布于山东省和辽宁省，且山东省分布面积约为辽宁省的5~10倍。网箱养殖并非黄渤海区域的主要养殖方式，2019年养殖产量仅占黄渤海养殖总产量的1%（2020中国渔业统计年鉴）。

黄渤海网箱养殖集中于山东省的烟台和青岛地区，于1986年开始试用网箱养殖真鲷，目前主要的养殖品种有真鲷、黑鲪、鲈鱼和牙鲆等。目前山东网箱养殖发展水平仍不高，网箱结构型式单一，材质多为木板竹竿，无法承受较大风浪冲击；网箱大多集中在港湾内部，养殖密度偏大，养殖环境自身污染严重，养殖鱼类易受疾病侵袭，成为制约黄渤海区域网箱养殖发展的主要因素（徐永健等，2004）。抗风浪深水网箱的引入可在一定程度上缓解上述问题，加快网箱养殖的发展。

三、吊笼养殖

吊笼养殖是指在水流通畅、风浪较小的海域上搭建筏架，将养殖笼拴在筏架上进行养殖的养殖方式，笼子大多为渗透式多层结构，能够进行海水交换，保持良好的水质，有效预防疾病发生。吊笼养殖的对象一般为刺参、鲍鱼等，我国目前采用吊笼养殖刺参的地区主要有辽宁、山东、福建、广东和广西等地（李成军等，2016）。

2019年我国海水养殖中吊笼养殖面积为139 827公顷，仅占总海水养殖面积的7%，其中超过9成分布于黄渤海区域，仅山东省的吊笼养殖面积就占总吊笼养殖面积的87.7%。2019年黄渤海区域吊笼养殖总产量为1 289 917吨，占黄渤海海水养殖总产量的11.4%（2020中国渔业统计年鉴）。

与其他刺参养殖模式相比，吊笼养殖更为立体，便于管理，且养殖期间不需添加药物，该模式下刺参生长速度快，出皮率高，品质好，养殖风险小，经济效益高（马广文等，2008）。

四、底播养殖

底播养殖是指将一定规格的底播苗种按一定密度投入环境适宜的海域，让其自由生长、不断增殖的一种海水养殖方式。与传统养殖方式相比，底播养殖养殖密度低，产品质量高，可利用海水自净能力，有效防止生物灾害发生；养殖场所位于海底，温度较低，几乎不存在温盐跃层，适宜冷水种的养殖，受风浪等影响较小；但养殖需要较大海域，监控较为困难，且产品生长周期较长（杨牧等，2018）。

2019年我国底播养殖面积达896 485公顷，其中大部分集中在黄渤海区域，仅辽宁省底播养殖面积就占全国底播养殖面积的51%，黄渤海区域底播养殖在所有养殖方式中养殖产量最高，达3 515 419吨，占黄渤海养殖总产量的37.9%，在黄渤海滨海海水养殖中占重要地位。黄渤海区域底播养殖基本集中在辽宁省和山东省，而河北省、江苏省底播养殖面积较少，养殖产量占比小（2020中国渔业统计年鉴）。

底播养殖种类一般为海参、贝类、鲍鱼等。近年来，黄渤海区域底播养殖规模不断增大，养殖产量也逐年提高。天然海域增殖是我国海珍品养殖传统的生产方式，历史悠久，以投石设礁、海藻增殖、苗种放流为主。但较为规范的底播养殖方式自20世纪80年代起才陆续在黄渤海各滨海区域展开试验，1984—1988年，辽宁省长海县陆续开展虾夷扇贝、海参、鲍鱼、魁蚶的底播养殖试验，并取得十分可观的经济效益（韩成格，1989）。山东省长岛县于20世纪80年代末成功进行鲍鱼和赤贝的底播养殖试验，通过不断改善基础设施、攻破技术难题、扩大养殖规模，其以鲍鱼为主的海珍品人工养殖业迅猛发展，成为我国重要的海珍品底播养殖区和海珍品出口基地（宋滨，1992）。

五、工厂化养殖

工厂化养殖是指在室内海水池中采用先进的机械和电子设备控制养殖水体的温度、光照、溶解氧、pH值、投饵量等因素，进行高密度、高产量的养殖方式，具有资源节约、环境友好和产品安全等特点，是水产养殖业的重要方式之一，是实现水产养殖生产与环境和谐发展的重要途径（刘鹰等，2012）。

我国工厂化养殖起步较晚，20世纪80年代，国外的工业化循环水养殖装备和技术开始进入浙江宁波等地区（刘鹰等，2012），20世纪90年代初，山东威海借鉴外国筑池养殖牙鲆的经验，率先开始牙鲆的工厂化养殖，并迅速在山东半岛及辽东半岛普及，随后推广至河北、天津等省市（彭树锋等，2007）。

发展至今，工厂化养殖在黄渤海滨海海水养殖中占重要比重，2019年养殖面积达18 286 885立方米，占全国工厂化养殖的52%，养殖产量占全国工厂化养殖的77.9%（2020中国渔业统计年鉴）。工厂化养殖在黄渤海区域主要集中在山东，也是天津海水养殖的主要方式，其循环水养殖技术处于国内先进行列（辛乃宏等，2019）。

黄渤海区域工厂化养殖种类目前主要有刺参、扇贝、海水鱼（王军等，2013）及对虾（辛乃宏等，2019）等，鱼类由单一的牙鲆发展至大菱鲆、石鲽、鲈鱼、美国红鱼、真鲷、条纹鲈、河鲀、大黄鱼等种类（彭树锋等，2007），与南方的网箱养殖共同构成我国海水养殖产业的重要成分。

目前我国工厂化养殖发展不够成熟，存在生产成本较高，养殖及水处理系统不够完善（刘鹰等，2012）；养殖工艺简单，养殖模式单一（彭树锋等，2007）等问题，现行流水式养殖模式的“高耗水、高耗能、高排放”，不符合可持续发展要求（张海清等，2014）。过于简单的水处理不仅对环境造成严重污染，也会造成病害的发生和蔓延；低品质饵料的使用导致养殖效率低、水域污染等问题。目前我国工厂化养殖与发达国家相比仍处于初级阶段，仍需不断完善养殖系统，使其成为高效、绿色的可持续海水养殖方式。

六、池塘养殖

池塘养殖是指利用人工开挖或天然的池塘进行水生经济动植物养殖的生产方式，是目前最为普遍的水产养殖方式，具有高密度、集约化的特点。池塘养殖的场地一般选在风浪较小、水质优良且换水方便的地区，在进行养殖之前，需对池塘进行整治、消毒、进水等准备工作。

我国池塘养殖历史悠久，但海水池塘养殖是从20世纪70年代末对虾的大规模人工育苗养殖开始的（赵广苗，2006），依次经历对虾低密度养殖、高密度养殖、两茬低密度养殖和多品种生态养殖时期。至2019年，我国海水池塘养殖面积已达2 503 495公顷，其中黄渤海区域是滨海池塘养殖扩张的热点地区，1990—2000年间扩张最为剧烈（Ren et al.，2019），2019年已达745 246公顷。黄渤海区域的滨海池塘养殖主要集中在江苏、山东及辽宁地区，面积占全国海水池塘养殖面积的60.8%，养殖产量占全国海水池塘养殖总产量的29.8%（2020中国渔业统计年鉴），是我国滨海池塘养殖的重要组成成分。

滨海池塘养殖的品种主要有对虾、蟹类，其中蟹类由于与虾存在生态位重叠，适宜单养，而对虾通常与鱼类、贝类、海参或藻类进行混养，极大地改善了池塘对虾单养的弊端，更有利于虾池生态环境的稳定，显著提高虾池的综合经济效益和生态效应（王岩，2004）。

由于养殖密度高，大量饵料、药物及排泄废物经频繁的海水交换排入海中，易造成水体富营养化，物种多样性降低，水体自净能力降低，导致赤潮暴发。自1993年虾病大规模暴发后（赵广苗，2006），人们开始积极探寻海水池塘养殖综合利用技术，并逐渐形成目前的综合生态养殖模式，进行双品种甚至多品种的综合养殖，病害发生概率显著降低，经济效益和生态效益得到极大的提高。

七、滩涂养殖

滩涂养殖是指利用海边潮间带和低潮线以内的海域，直接进行人工撒播藻类和贝类等幼体，或通过平整、筑堤等整治后建池塘进行海水人工养殖的方式。其养殖区域位于潮间带，是海水养殖最集中的地方，养殖种类繁多（牛化欣等，2011），主要有贝类、海藻、鱼类、对虾和刺参等，其中贝类在海洋滩涂养殖资源中占有很大的比例，主要养殖种为贻贝、扇贝、牡蛎等（薛超波等，2004）。

我国沿海滩涂面积辽阔，且随着河流泥沙的输入，滩涂面积不断扩大（何书金等，2002），滩涂养殖面积与养殖种类也随之逐年增加，截至2019年，滩涂养殖面积已达584 778公顷，养殖产量占全国海水养殖产量的29.7%，是我国海水养殖的重要组成部分。其中，黄渤海滩涂养殖面积达409 323公顷，占全国滩涂养殖面积的70%，主要集中在山东、辽宁及江苏省，其中山东省的滩涂养殖产量最高（2020中国渔业统计年鉴）。

由于滩涂养殖尤其是滩涂贝类养殖具有成本低、周期短、经济效益高的特点，渔民为追求经济效益常进行破坏性经营，过度利用滩涂，超出环境负荷能力，导致沿海底栖生态环境被破坏，病原大量滋生，滩涂的承载力和生产力下降，对滩涂水产养殖和沿海生态造成不利影响（薛超波等，2004）。为实现滩涂养殖的可持续发展，应对滩涂功能区域进行合理规划，借鉴国内外先进技术发展生态水产养殖业，加强管理，因地制宜（安萍，2019），实现生态与经济的和谐发展。

八、增殖放流

增殖放流是养护渔业资源和修复渔业环境的一项重要手段，主要通过将人工繁育苗种或暂养的野生苗种向特定水域投放，以实现渔业可持续发展（程家骅等，2010）。放流的鱼、虾、贝、藻等苗种利用天然饵料，补充自然种群，具有显著的经济、社会和生态效益（张秀梅等，2009）。

我国的渔业资源增殖放流研究始于20世纪50年代，并于20世纪80年代初开始进行近海资源增殖和大规模生产性种苗放流试验，自2006年国务院印发《中国水生生物资源养护行动纲要》后，增殖放流发展迅速，逐步由区域性、小范围发展到全国性、大规模。目前，我国在渔业资源增殖放流上的资金投入、放流规模、社会支持度与参与度和放流效果均在世界范围内首屈一指（涂忠等，2019）。

黄渤海区域早期增殖放流品种为中国对虾，目前已成为我国增殖放流的经济种类中技术最成熟、规模最大、增殖效益最好的种类。其他品种如海蜇、鱼类、藻类、贝类的增殖放流于1999年后陆续出现；虽然发展历史较短，但随着技术的不断完善，规模的不断扩大，均已取得显著的经济效益与生态效益，对渔业资源和生态环境的恢复发挥了积极作用（潘绪伟等，2010）。

渔业资源增殖放流成效显著，但一些新问题的出现制约其高质量发展：法律重视程度不高，相关行业管理措施尚不健全，资金投入长效机制尚未建立，公众参与度不高，增殖放流科技支撑不够，科学性、安全性和精准性与日本等先进国家差距较大，这些问题亟待解决（涂忠等，2019）。

第二章　黄渤海滨海养殖池常见水母的生物学特征

水母是海洋中一类重要的胶质性浮游动物，主要包括刺胞动物门（Cnidaria）的水螅水母（Hydromedusae）、管水母（Siphonophore）、钵水母（Scyphomedusae）、立方水母（Cubomedusae）和栉水母动物门（Ctenophora）的栉水母（Ctenophore）等5大类群。它们主要以中小型浮游生物为食，较高的摄食量和较大的种群数量使它们在碳、氮、磷等元素的生物地球化学循环中扮演重要角色，并在维持海洋生态系统的能量流动和物质循环过程中起着重要作用。黄渤海滨海海域作为我国北方的主要海水养殖区之一，近年来，随着养殖区规模的不断扩大，人类活动加剧，赤潮和水母暴发事件频发。在青岛、烟台、秦皇岛等黄渤海海域海月水母（*Aurelia coerulea*）、白色霞水母（*Cyanea nozakii*）等钵水母的暴发频率日渐增长，造成的危害也在不断升级（葛立军等，2004；仲霞铭等，2004；郑凤英等，2010）。在2009—2018年间，作者科研团队持续关注黄渤海滨海养殖区附近海域水母的动态，围绕水母不同阶段的种群动力学特征开展现场研究，同时分析关键环境因子与水母时空分布的相关性，进一步阐释水母在我国近岸的暴发机制。本章主要介绍作者团队在十年间的黄渤海滨海养殖池实地调研中发现的海月水母、钩手水母（*Gonionemus vertens*）、珍珠水母（*Phyllorhiza* sp.）、管花萨氏水母（*Sarsia tubulosa*）和枝手水母（*Cladonema maeri Perkins*）5种水母的生物学特征。

第一节　海月水母

一、分类学地位及生活史概述

海月水母是一种大型钵水母，属刺胞动物门（Cindaria），钵水母纲（Scyphozoa），旗口水母目（Semaeostomeae），洋须水母科（Ulmaridae），海月水母属（*Aurelia*）。海月水母为全球广布的物种，在我国黄渤海海域广泛分布，是水母暴发常见种类之一，在海参养殖池和近岸海域均发生过暴发现象。

海月水母具有复杂的生活史（图2-1），在整个生命周期中拥有明显不同的两个世代，分别为有性浮游世代和无性底栖世代（Lucas，2001）。海月水母属雌雄异体种，成熟的雄性海月水母将精子排出体外，进入雌性海月水母体内，进行体内受精（陈昭廷等，2015）。受精卵在雌性海月水母口腕边缘发育为浮浪幼体，随水流排出体外，在适宜的附着基附着变态或者于水-气界面直接变态发育为螅状幼体（Brewer，1978）。螅状幼体可通过多种无性繁殖方式进行生殖，发育为横裂体释放碟状幼体，碟状幼体逐渐发育为幼水母。幼水母经过2～3个月的生长发育，成长为成熟水母，完成一个完整的生命周期。在早期生活史阶段，海月水母浮浪幼体生存附着、螅状幼体无性生殖均是影响海月水母种群变化的重要因素（Lucas et al.，2012）。

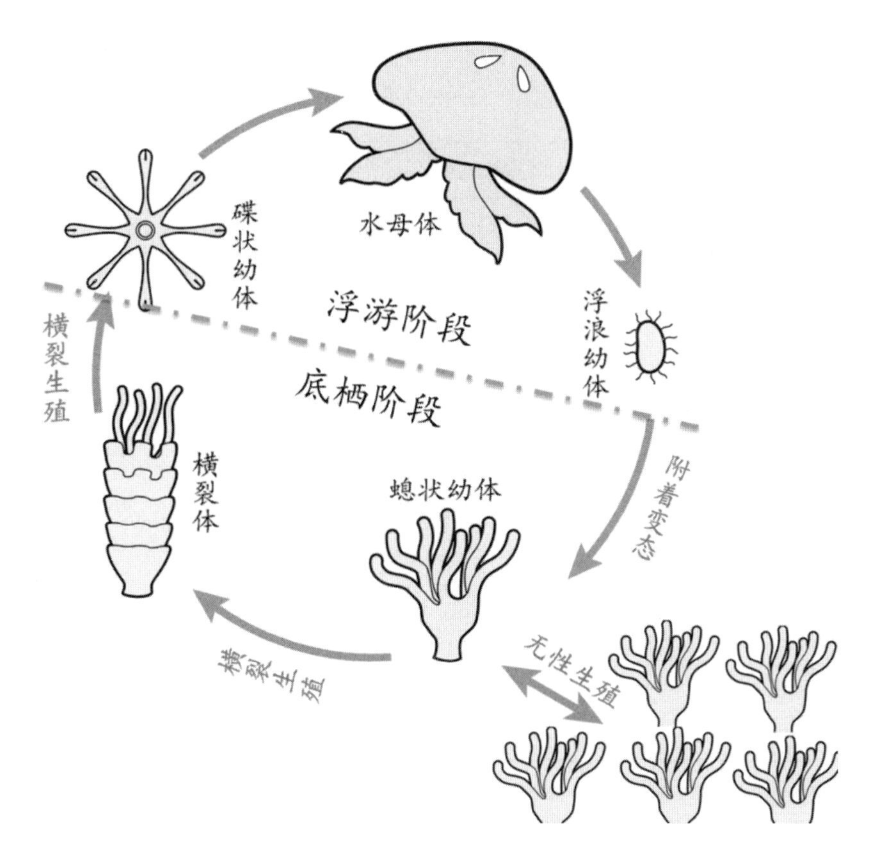

图2-1　海月水母生活史示意图（修改自Brekhman et al.，2015）

二、生物学特征观察

2010年8月，于烟台四十里湾滨海养殖海域使用手抄网捕捞生长良好且性腺成熟的海月水母，以此作为人工繁育的亲本。从海月水母受精卵的形成开始，连续观察至发育为幼水母阶段结束，进行为期约1年的室内培育，观测海月水母完整生命周期的各个阶段形态学变化。实验室观察到海月水母各阶段发育时间及条件如表2-1所示。

表2-1　海月水母生活史各阶段发育时间和大小

发育阶段	时间间隔 / 天	温度 / ℃	大小	测量数 / 个
受精卵	–	（室温）25 ~ 27	600微米（250 ~ 800微米）	15
浮浪幼体	1	（室温）25 ~ 27	体长680微米（520 ~ 1 000微米） 体宽320微米（290 ~ 380微米）	10
4触手螅状幼体	1.5 ~ 2	（室温）25 ~ 27	直径460微米（300 ~ 750微米）	10
8触手螅状幼体	2 ~ 14	（室温）25 ~ 27	直径680微米（550 ~ 820微米）	10
成熟螅状幼体（横裂体）	15 ~ 35	（室温）15 ~ 20	直径1 420微米（360 ~ 4 270微米）	30
碟状幼体	210 ~ 240	（恒温）20	3毫米（2.8 ~ 3.2毫米）	10
幼水母体	10 ~ 20	（恒温）15	1.3厘米（1.0 ~ 2.0厘米）	6

1. 受精卵

性成熟的雄性海月水母个体释放精子，在口腕基沟区运送至口腕末端，形成黏液团排出体外。排出体外的精子随水流进入雌性海月水母体内，与口腕边缘的卵子进行体内受精，形成受精卵（图2-2 A）。受精卵直径580 ~ 800微米，为球形匀质颗粒。

2. 浮浪幼体

受精卵在25 ~ 27℃的温度下，经过1天，发育成浮浪幼体（图2-2B），是海月水母完成体内受精后排出体外的产物。浮浪幼体体长0.22 ~ 0.32毫米，体宽0.1 ~ 0.19毫米。在OLYMPUS SZX10解剖镜下能明显观察到浮浪幼体的双层结构，内部区域颜色较深，外部颜色较浅。

浮浪幼体一般以逆时针方向自转，且能够自由游动，其游动的速度受盐度、温度、pH及重金属离子浓度等因素的影响（孙婷婷等，2018；Dong et al.，2018；Dong et al.，2019）。在海水盐度范围为30.46 ~ 31.11，pH 范围为7.95 ~ 7.99，温度为19℃和24℃的条件下，刘青青等（2018）发现海月水母浮浪幼体的存活个体数随着实验时间的推移逐渐减少，在第四周时存活数目为0，认为海月水母浮浪幼体的最长存活时间为21 ~ 28天。

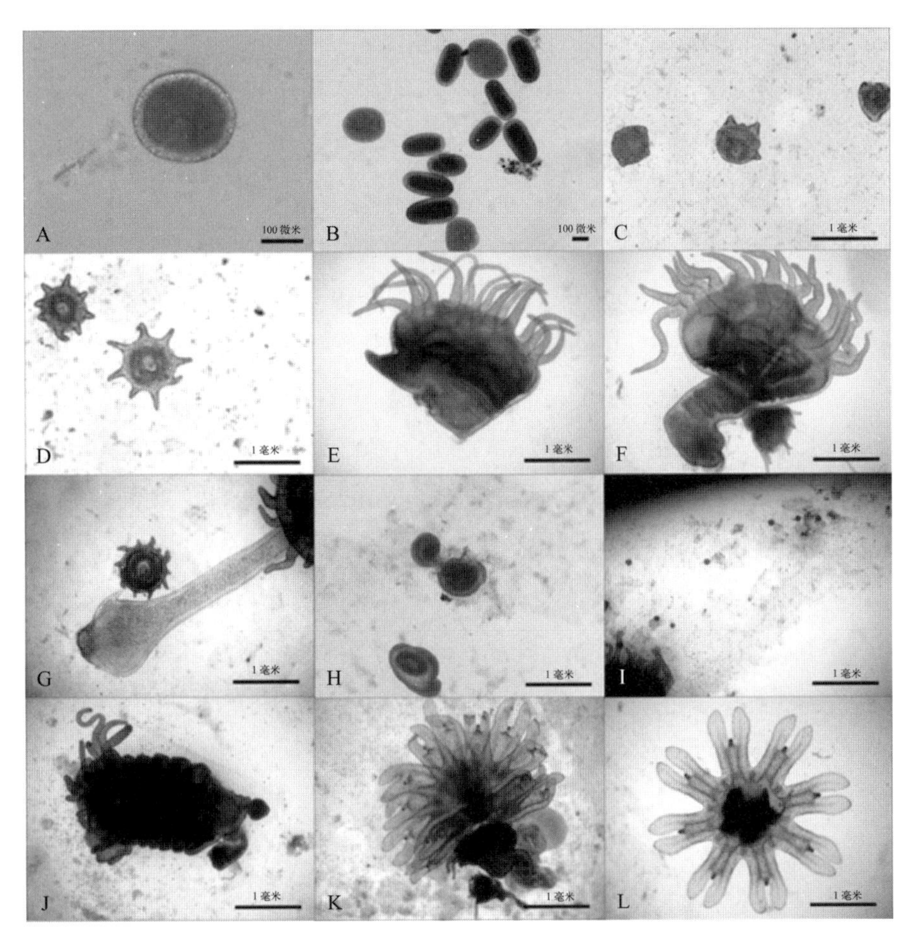

图2-2　海月水母生长发育各阶段形态

A. 受精卵；B. 浮浪幼体；C. 新变态的4触手螅状幼体；D. 发育中期的8触手螅状幼体；E. 完全发育的16触手螅状幼体；F. 直接出芽生殖；G. 匍匐茎出芽生殖；H. 匍匐茎断裂生殖；I. 足囊生殖；J. 横裂体；K. 横裂体后期；L. 碟状幼体；比例尺为1毫米

3. 螅状幼体

浮浪幼体前后轴变短，找到合适的附着点后在1天内完成附着并变态，形成浮浪体囊。浮浪体囊顶点隆起膨大，柄部拉长，这一过程称为脱囊。随着柄部拉长，在球形托部顶端向4个对称方向隆起，形成早期螅状幼体触手的雏形，附着端形成足盘。新变态的螅状幼体柄部继续拉长，4个对称的隆起继续发育，形成4个触手，上面密布刺细胞丛。中央口柄为圆拱形，口径宽度为410～590微米，触手长60～240微米，颜色为白色（图2-2C）。4触手螅状幼体继续发育，形成8触手螅状幼体（图2-2D）。8触手螅状幼体为钟形，丝状触手布满刺细胞，口径宽度为470～950微米。成熟的螅状幼体触手为16～28个，口径宽度为750～4 300微米，口柄可伸缩，大小不一，呈现红酒杯的形状（圆锥形），柄短、吻短、口盘阔是其主要特征，口盘上出现4个口唇，触手表面的刺细胞丛凸起较为明显，呈现分节状态，节上具有纤毛（图2-2E）（刘春洋等，2009；董婧等，2013）。当螅状幼体饥饿时呈白色，口扩张，触手伸长作捕食状，进食后颜色随食物颜色而变化，进食卤虫变成橘黄色，并随摄食程度而呈现深浅的差异。

海月水母螅状幼体成熟后可通过多种无性生殖方式产生新的螅状幼体，包括直接出芽生殖（typical lateral budding，LB）（图2-2F；图2-3A）、匍匐茎出芽生殖（lateral budding by means of stolons，LBst）（图2-2G；图2-3B，C）、匍匐茎断裂生殖（reproduction from parts of stolons/stalks，ST）（图2-3D～F）、足囊生殖（podocysts，POD）（图2-2I；图2-3G～I）、繁殖体生殖（motile bud-like tissue particles，MP）（图2-3L，M）、横裂生殖（strobilation，STR）（图2-3J）和纵裂生殖（longitudinal fissure，LF）（图2-2K）等多种无性生殖方式。

（1）直接出芽生殖（LB）：指直接从海月水母螅状幼体的柄部（Stalk）和托部（Calyx）结合部位出芽发育成新的螅状幼体，然后脱落附着于基质上（付瑶等，2012）。

（2）匍匐茎出芽生殖（LBst）：螅状幼体匍匐茎尖端生出幼体，脱落后附着于基质上。

（3）匍匐茎断裂生殖（ST）：螅状幼体在伸展出的匍匐茎生长出新的螅状幼体，后期匍匐茎断裂，直接附着于基质上远离亲体。

（4）足囊生殖（POD）：螅状幼体长成后，在柄与托交界处伸出一条匍匐茎，以其末端附着于基质，形成新的足盘；原柄部末端逐渐脱离其原固着点并收缩，螅状幼体移到新的位置，匍匐茎变成螅状幼体的柄部。原固着点留下的不规则组织，即为足囊。螅状幼体重复移动，形成多个足囊。这些足囊可进一步萌发，形成新的螅状幼体个体。

（5）纵裂生殖（LF）：分裂为大小几乎一致的螅状幼体，主要发生在螅状幼体的触手或柄部，在海月水母无性生殖过程中很少见。

（6）繁殖体生殖（MP）：螅状幼体体壁产生自由生活芽体，一般出现在体壁底部或体壁和匍匐茎结合处，脱落后发育为新个体。Vagelli（2007）在实验室观察到了两种新的无性生殖方式：一种是从口腔或者匍匐茎内产生类似浮浪幼虫形状的繁殖体，生成的繁殖体为卵球形，内胚层和外胚层界限明显，形状大小相似，直径约200微米；另外一种是从体外壁产生类似浮浪幼虫形状的繁殖体，产生的繁殖体形状大小不一致，直径约200～800微米。通过这两种繁殖方式产生的自由游泳繁殖体在沉降附着前均经历一段浮游时期，前者约2～3周，后者约4～5周，然后开始附着变态发育成螅状幼体，这是和其他无性生殖方式的主要区别。

（7）横裂生殖（STR）：通过横裂生殖方式释放多个或单个碟状幼体，是两个紧密联系的发育阶段产生碟状幼体的过程。钵水母类的横裂生殖可分为单碟形和多碟形，其中海月水母属于多碟形，即同一螅状幼体可多次重复进行横裂生殖。

海月水母螅状幼体的无性繁殖受盐度、食物、温度、pH、溶氧、光照等多种环境因子的影响，其中温度和食物被认为是影响海月水母螅状幼体无性生殖的关键环境因子，而受盐度环境因素条件的影响不大（付瑶等，2012）。海月水母能适应较广的盐度范围，在18～34的盐度范围内，对海月水母螅状幼体的出芽生殖影响不大，但在38这种极高盐度环境下，会降低螅状幼体的无性生殖（孙婷婷等，2018）。

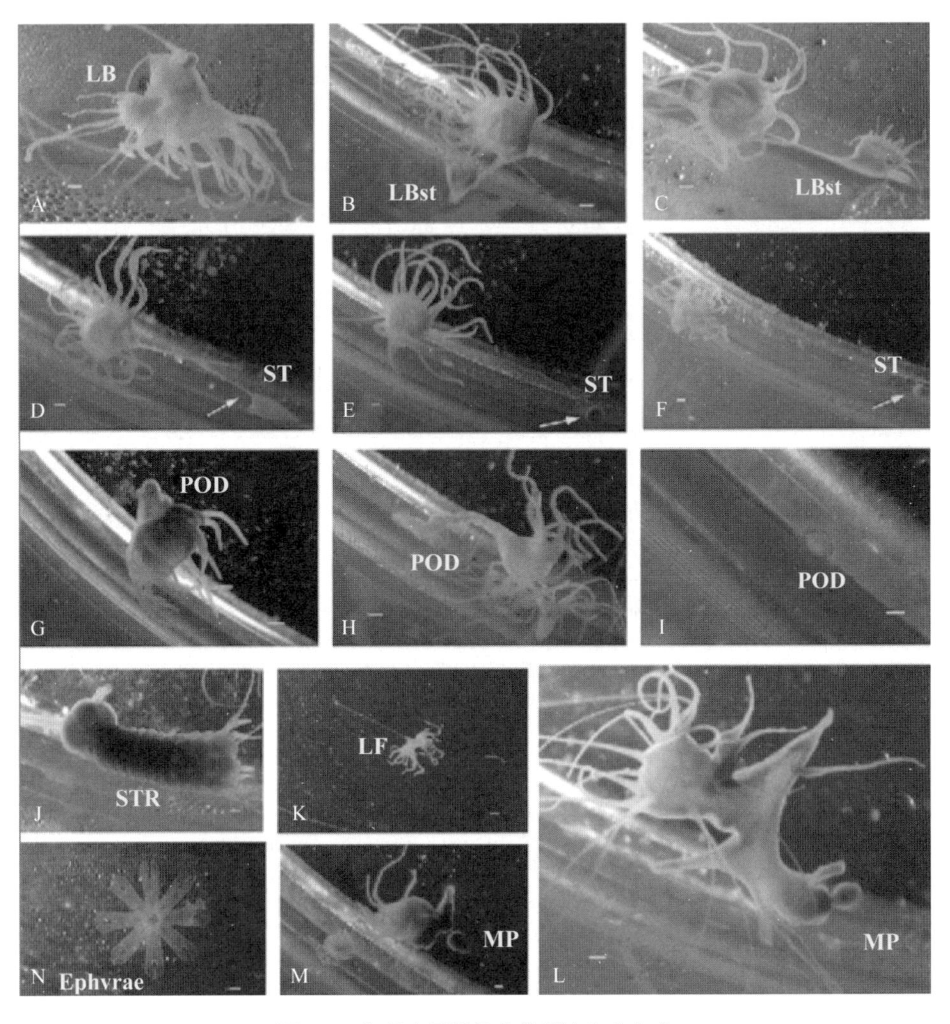

图2-3　海月水母螅状幼体无性生殖方式

A.直接出芽生殖（LB）；B，C.匍匐茎出芽生殖（LBst）；D～F.匍匐茎断裂生殖（ST）；G～I.足囊生殖（POD）；J.横裂生殖（STR）；K.纵裂生殖（LF）；L，M.繁殖体生殖（MP）；N.碟状幼体（Ephrae）；比例尺为1毫米

4. 横裂体

成熟的螅状幼体触手基部膨大，茎部出现缢痕进行横裂生殖，逐渐发育成小缘叶，产生横裂体（图2−2J）。经过分节，在托部出现一环浅凹沟并逐渐加深。同时出现含平衡石的感觉棍，缘瓣伸长，口柄进一步发育（图2−2K）。初生碟状幼体在螅状幼体顶部形成并堆叠在一起，具有收缩能力，附着在横裂体上搏动。

5. 碟状幼体

随着横裂体上碟状幼体的日趋成熟，搏动愈频繁且有规律，最后碟状幼体脱落释放到水中，自由游动（图2−2L；图2−3N）。新释放的碟状幼体呈半透明橘红色或淡褐色，缘瓣末端之间的直径约3毫米，缘叶长约0.8～1.2毫米，宽约0.5毫米，感觉裂缝深度约为缘叶长度的一半。大多数中心对称着生8个缘叶，8对末端钝圆形的缘瓣（也有异常具有6对、7对、7对半等），每对缘瓣中间着生感觉棍。少数碟状幼体有10～12个缘叶，缘瓣和感觉棍数目随着缘叶数目变化。横裂体口柄为方形，长为0.5～1毫米，具有4片口唇，口唇四周各有胃丝一条。辐射肌由胃部伸至缘瓣，上伞部中央密布刺细胞。

碟状幼体生长迅速，从辐位生长快，逐渐长成圆盘状。原始缘瓣处即成为成体伞缘的8个缺刻，后再生出口腕，即发育为幼水母体，经过约80天可以达到性成熟。

6. 成体

海月水母成体体身白色半透明，呈圆盘状，中央伞部顶端位置具有较厚的胶质，伞缘部位胶质较薄；成熟个体伞体直径一般在100～200毫米，也有小于或大于此范围的，最大直径可达400毫米，性成熟个体4个生殖腺呈浅红色或褐色；海月水母伞部边缘生有短小纤细的触手和8个较为宽大的缘瓣；口为“十”字形，有4条口腕。

第二节　钩手水母

一、分类学地位及生活史概述

钩手水母隶属于刺胞动物门（Cnidaria），水螅纲（Hydrozoa），淡水水母目（Limomedusae），花笠水母科（Olindiasidae），钩手水母属（*Gonionemus*），是我国常见的有毒水母种类之一。

钩手水母生活史也会出现世代交替的现象，生活史过程包括水螅型和水母型阶段。钩手水母从受精卵开始，经过卵裂过程、形成胚胎、变态发育成浮浪幼虫，浮浪幼虫长出口和触手后，先发育成辐状幼虫，后形成小的水螅体，水螅体通过出芽方式产生生殖体，其脱离母体后逐渐发育成水母体（田金良，1987）。广泛分布于太平洋和大西洋，在我国东海、黄海和渤海均有出现，北极和地中海也有分布。

二、生物学特征观察

2017 年5—8月，调研黄渤海滨海养殖海域时，在东营海参养殖池内发现了大量钩手水母，随后在烟台、大连、乐亭等地陆续发现钩手水母的存在，采集钩手水母4个地理种群共计104个个体，以进行生物学特征观察和种群遗传学研究（详见第三章第二节）。

1. 水螅体

钩手水母水螅体较小，单体生活，呈无柄锥状或瓶状，无螅鞘，水螅体基部呈环状，有一层薄的基部围鞘，有显著锥状垂唇和一圈4～6条长的触手；水螅体在较低基部位置无性繁殖产生新的水母芽；水螅体含有胞囊，可在胞囊里缩小和变形（许振祖等，2014）。

2. 成体

钩手水母是一种小型海水水母（图2-4），水母体为半球形或者扁半球型，成体内伞直径为7～20毫米，伞高3～4毫米，中胶层中等厚；内部垂管为纺锤形，略短于伞腔深度，具有1个轻微的胃柄；有4个短的、轻微钝齿形口唇，有些微褶叠；生殖腺呈带状，在辐管交互侧形成曲折悬垂折叠囊；下伞周围有45～70条触手，其触手末端呈钩手状，触手末端的腹面有一呈圆形的垫状盘，能分泌黏液，可附着于较为光滑的附着基、近岸的马尾藻和其他海藻上；触手基部的腹面有一个卵圆状的触手球（高哲生等，1958）；每两条触手间有一个关闭型内外胚层平衡囊，每个平衡囊有一个平衡石；缘膜发达，宽1.5～2毫米，边缘较厚；胃部较小，有4个窄而直的辐管；触手上有毒性强烈的刺细胞（田金良，1987；许振祖等，2014）。生殖腺、辐管、垂管和触手均呈红褐色，口唇呈白色，触手球内有亮绿色的色度点（周太玄等，1958）。

钩手水母的活动与时段和天气密切相关，当处于夜晚或者阴天的条件下，可以发现钩手水母从附着的海藻丛中游出，浮于水面。钩手水母一般以浮游动物为食，通过水垂伞的收缩和触手来捕获浮游小生物（Edwards，1978）。钩手水母能够维持无性繁殖状态数年，在环境适宜的条件下才进行有性繁殖；Edwards（1978）在野外研究和室内实验中发现较高的温度能够促进成体的生长。

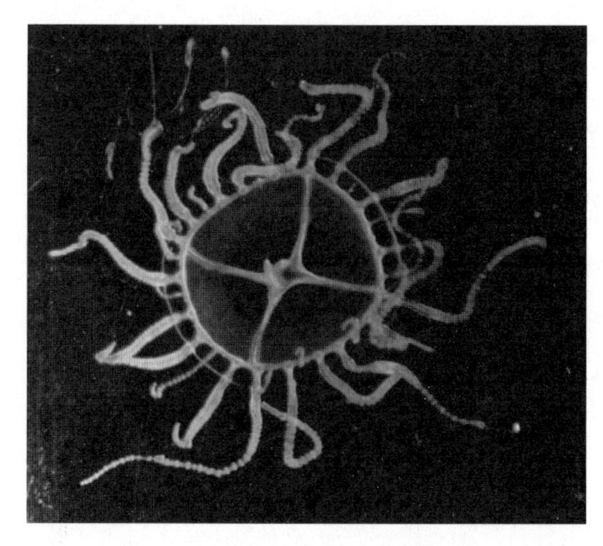

图2-4　钩手水母成体

钩手水母常以桡足类、端足类、箭虫和幼鱼为摄食对象（周太玄等，1958）。人被钩手水母蜇伤后会出现皮肤灼痛、四肢麻痹、呼吸困难甚至心跳暂停等症状，急性症状持续3～5天，严重危害沿海居民和游客的生命安全。钩手水母也会对近海养殖造成不利影响，实验证明钩手水母会蜇伤或蜇死滨海养殖池中的海参和对虾，详见第五章第三节。

第三节　珍珠水母

一、分类学地位及生活史概述

珍珠水母属刺胞动物门（Cindaria），钵水母纲（Scyphozoa），根口水母目（Rhizostomae），硝水母科（Mastigiidae），珍珠水母属（*Phyllorhiza*）。该属的种类主要分布在印度-太平洋水域。

珍珠水母与海月水母同属钵水母纲，具有相似的生活史，生命周期分为两个世代，营浮游生活的有性生殖世代和营底栖生活的无性生殖世代。

二、生物学特征观察

2017年6月29日，在中国南黄海对虾养殖池进行实地调研，采集池内两个生活史阶段的55个水母样品，进行形态学鉴定和分子鉴定（详见第三章第三节），最终确定养殖池内的水母为珍珠水母，这也是我国首个养殖池内珍珠水母的记录。

1. 碟状幼体

采集到的碟状幼体能够自由游动，中心对称着生8个缘叶，可自由张合。有16个类似于长矛的感觉棍垂瓣，其柄细长，呈橙黄色（图2-5）。碟状幼体的中心盘直径（The central disc diameter，CDD）、垂杆长度（the lappet stem length，LStL）和径向垂杆长度（the rhopalial lappet length，RLL）分别为1.23毫米、0.4毫米和0.2毫米。其他特征均类似于海月水母。其特征表明，在虾养殖池中发现的标本可能属于*Phyllorhiza Agassiz*（1862）属（图2-6）。

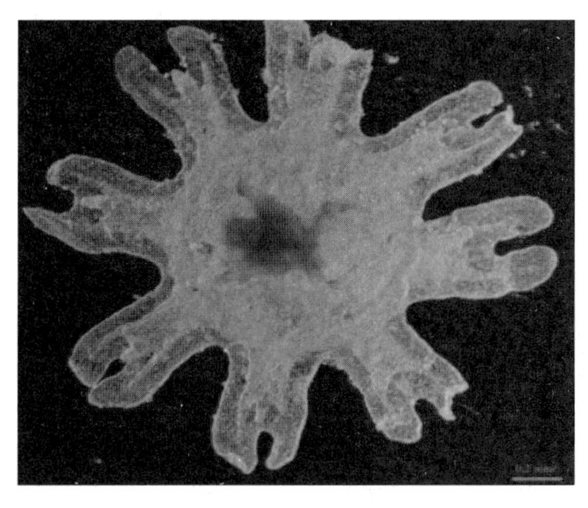

图2-5　珍珠水母碟状幼体

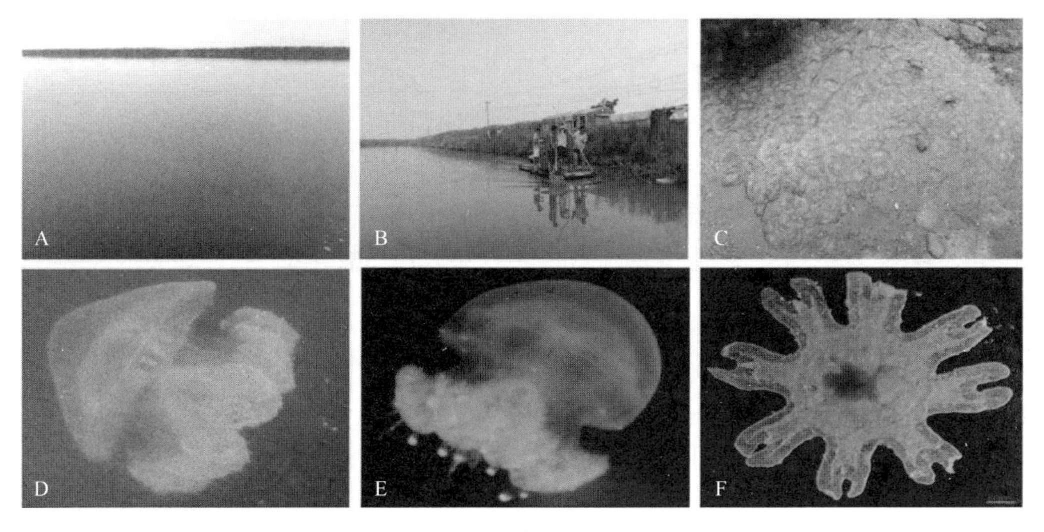

图2-6　珍珠水母在中国南黄海沿海水产养殖池塘中的发现

A. 沿海水产养殖池塘表层水中珍珠水母的发生；B. 渔民使用捕捞网移除池塘中的珍珠水母成体；C. 大量珍珠水母成体被捕捞；D.珍珠水母体形态；E. 珍珠水母幼成体形态；F. 珍珠水母碟状体形态

2. 幼水母

在2017年6月29日，测量的对虾养殖池内的珍珠水母略尖的半球形伞长16～120毫米，平均为（57±24）毫米；大部分珍珠水母的直径在30～70毫米。体型更小的幼水母个体伞部的顶端相较更圆。调研过程中未采集到成熟水母，采集到的较小个体具透明的蓝色钟形边缘，较大的个体呈半透明状（图2-7）。珍珠水母幼水母口臂呈“J”形，与伞部的直径一样长，具有三翼金字塔状嘴臂，末端有裸露的棍棒作为附属物，嘴臂两侧有窗口状的开口。每只臂上都有特征性的较大的末端棒状结构，呈蓝色，末端的白色稍膨大，每只臂的下半部分到三分之一处都有小口。

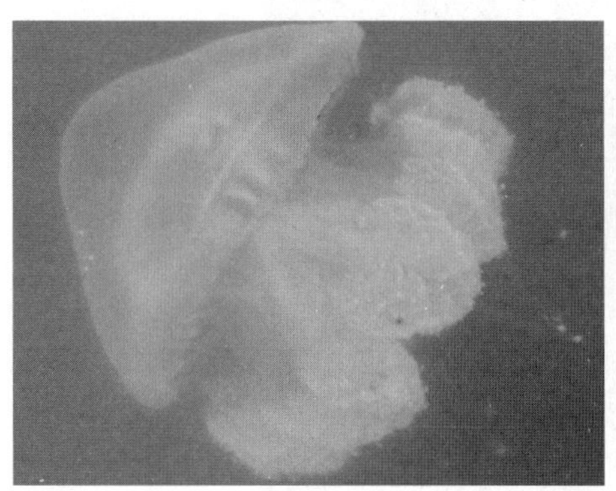

图2-7　珍珠水母幼水母

第四节　管花萨氏水母

一、分类学地位及生活史概述

管花萨氏水母属刺胞动物门（Cnidaria），水螅水母纲（Hydrozoa），头螅水母目（Capitata），棍螅水母科（Corynidae），长管水母属（*Sarsia*）。1843年，Lesson第一次对长管水母属进行了描述（Schuchert，2001）。据报道，管花萨氏水母在不列颠哥伦比亚省沿海水域捕食太平洋鲱幼鱼，因此可能对渔业资源产生有害影响（Arai et al.，1982）。许振祖等（2006）对福建沿海新属新种进行了记述，他们所描述的花水母亚纲水母结构形态与管花萨氏水母的类似，但管花萨氏水母区别于他们所记述的水螅水母。

管花萨氏水母属水螅水母纲，具有复杂的生命周期，既有底栖水螅期，也有远洋水母期。其生活史可参照水螅水母纲的生活史类型，针对此物种的具体生活史还需进一步的研究和探讨。水螅水母纲的水母拥有复杂的生活史，其生活史分为两个世代，包括水母型世代（有性生殖世代，浮游生活）和水螅型世代（无性生殖世代，底栖生活）。雄水母体释放的精子与雌水母体释放的卵子在体外完成受精，形成浮浪幼体，浮浪幼体可直接发育为水螅水母，也可发育为孢囊继续发育为水螅水母，此过程为有性生殖世代；受精卵发育为浮浪幼体后，直接发育为螅状幼体或经孢囊阶段发育为螅状幼体，螅状幼体无性生殖可产生更多的螅状幼体，由螅状幼体直接发育为水螅水母的过程属于无性生殖世代。两个世代相互贯通，共同构成水螅水母复杂的生活史。管花萨氏水母的水螅体常出现在沿海浅水的岩石、石块和杂草上，并在温度范围为2~20℃的范围内产生水母（Edwards，1978）。初春，最易在近岸浅水中发现管花萨氏水母（Edwards，1978），主要分布在欧洲和北美的北大西洋沿岸，以及西大西洋和东太平洋水域（Schuchert，2017），很少有研究报道在西太平洋水域存在管花萨氏水母。

二、生物学特征观察

2015年5月9日，在中国山东省荣成市凤凰湖（36°55′N，122°24′E）的5个站点进行定期的浮游动物采样过程中，发现了高密度水母样品，根据形态学观察初步判断，这些水母属于长管水母属。结合分子鉴定最终判断其均属于管花萨氏水母（详见第三章第四节），本研究为中国沿海水域的管花萨氏水母第一个正式的记录。

采集的管花萨氏水母伞部呈圆润的钟状，伞高5~10毫米，以6~7毫米居多，伞顶胶质均匀，垂管短粗，长度不一，有些长度约为内伞的一半左右，有些则长于内伞（图2-8）。4根放射状管进入触手球，4个缘触手短粗较垂管细；具有褐色的胃、垂管和边缘触手（Sheng et al.，2018），标本的特征与Schuchert（2001）对*S. tubulosa*的描述一致。

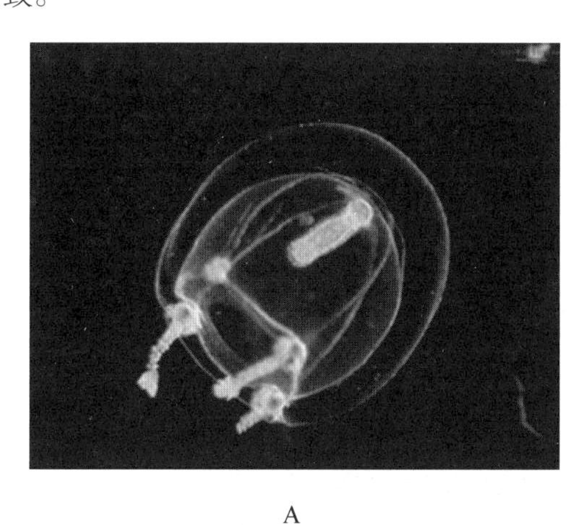

A

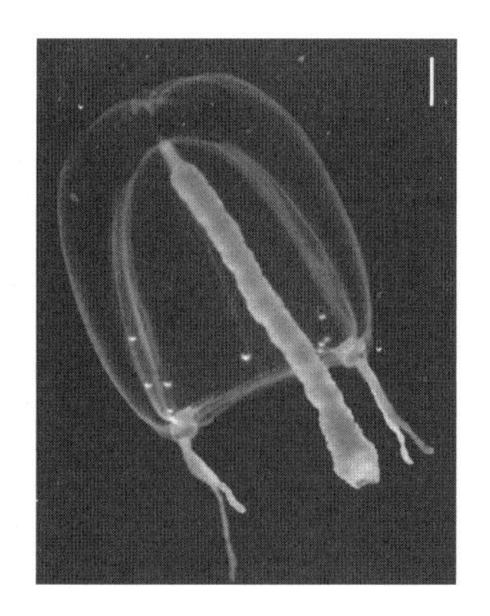

B

图2-8　管花萨氏水母成体

A. 垂管长度约为内伞的一半的管花萨氏水母；B. 垂管长度长于内伞的管花萨氏水母

第五节　枝手水母

一、分类学地位及生活史概述

枝手水母属刺胞动物门（Cnidaria），水螅水母纲（Hydrozoa），花水母目（Anthomeduse），枝手水母科（Cladonematidae），枝手水母属（*Cladonema*）。

枝手水母与萨氏水母同属于水螅水母纲，生活史特征可参考本章第四节中对水螅水母纲物种的典型生活史特征描述。1958年，周太玄等在我国第一次记录了梅式枝手水母。枝手水母多分布于日本及大西洋海域，在我国烟台近海岸常于每年6—8月出现。

作者团队的野外采样调查中仅获得枝手水母成体样品；由于枝手水母水螅体过小且难于辨别，未能获取，下文水螅阶段的生物学特征参考其他研究者的记录。

二、生物学特征观察

1. 水螅体

枝手水母具有附着水螅体阶段，水螅体体型小、圆柱形，呈白色，末端有4根头状触须（图2-9），高约0.5毫米（Naumov，1957； Rees，1982）。枝手水螅体曾在水族馆中被观察到，生长在沙粒和水箱的侧面（Rees，1982）。在自然界中，它们多生长在软体动物的壳上或沿海地带的岩石和藻类中（Naumov，1957），可固定的附着于沉积物中（Abouna et al.，2015）。水螅体由一个小的水平的根状匍匐茎连接，形成匍匐的、无分支的群落，并通过管状的水茎连接（图2-9）。小的钟状枝手水母从水螅体中释放。

图2-9　枝手水母水螅体（引自Abouna et al.，2015）

2. 成体

枝手水母伞部呈钟状，微呈椭圆形。伞高2～3毫米，宽1.8～2.8毫米，顶端有一钝圆的小突起（图2-10）。伞顶部发出6条窄的辐管，由于相间隔的3条各有一个二叉分支，所以共有9条放射状辐管。与辐管相接的有9条中空触手，触手球背面有一颗明的眼点。每条触手分10支：靠近基部的4条短的分支为黏液腺，分泌黏液，使得枝手水母可附着在马尾藻、海带或者其他海藻上；其余6条分支皆较长，各有许多刺丝囊。随着水母的发育和成熟，触手经历了从末端有大的胶粘垫触手到规则触手的发展变化（Rees，1982）。垂管呈柱状，长度近伞缘，横切面呈六方形。口缘有6条短的口触手，末端各有球状的刺丝胞囊。生殖腺围绕在垂管上。缘膜发达，极宽，致使伞腔只有一小开口。垂管和触手球呈淡黄褐色，触手分支呈褐色。生殖腺呈深褐色，眼点呈黑色（周太玄等，1958）。

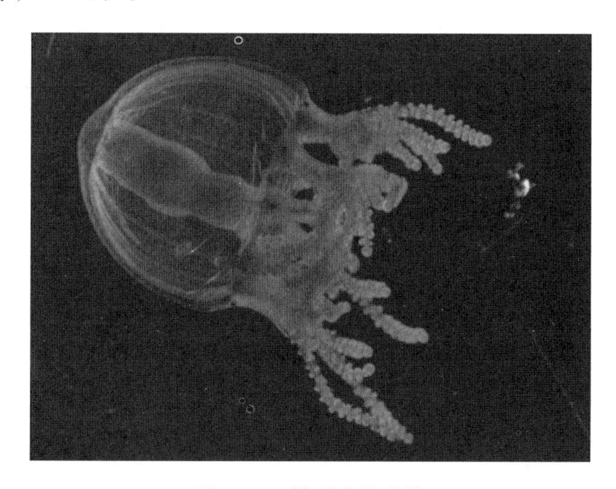

图2-10 枝手水母成体

第三章　黄渤海滨海养殖池常见水母的分子生态学研究

线粒体DNA作为一种相对有效的分子标记，已在水母类物种鉴定、种群差异与生物地理关系等方面取得了一些研究成果，其中线粒体细胞色素C氧化酶第一亚基（cytochrome oxidase c subunit I，COI）和线粒体核糖体大亚基基因（mitochondrial ribosomal subunit gene，16S r RNA）两种分子标记由于其易获得、成本低等特点而逐渐成为水母种类鉴定常用的两种分子标记，并逐渐被应用于动物种群遗传多样性及遗传结构的研究中（Harrison，2004）。近年来，作者团队也进行了基于不同的线粒体DNA片段的多种水母的分子生态学研究，包括基于线粒体16S r RNA基因片段的海月水母（*A. coerulea*）种群遗传学研究、基于线粒体COI基因片段的钩手水母（*G. vertens*）种群遗传学研究、基于线粒体16S r RNA基因片段的珍珠水母（*Phyllorhiza* sp.）的分子鉴定和基于线粒体COI基因片段的管花萨氏水母（*S. tubulosa*）的分子鉴定。

第一节　基于线粒体16S r RNA基因片段的海月水母种群遗传学研究

多数学者认为海月水母包括3个已经确定的种（*Aurelia labiata*、*Aurelia limbata*和*Aurelia aurita*）在内，至少有13个隐种和16个遗传分支（Ki et al.，2008；Dawson et al.，2001；Dawson，2003）；仅依靠生物学特征难以准确鉴别。由于*A. aurita*分布范围最广，除极地外，世界各地均有分布，因此在以往的报道中多以*A. aurita*命名。此前有研究者基于16S rDNA和COI鉴定中国海域海月水母为*A. coerulea*，但海参养殖池中海月水母碟状幼体具体归属于哪个遗传分支或者种，尚未见详细报道。

一、样品采集

在2014—2016年期间，值海月水母暴发之际，作者团队在黄渤海近岸海域共收集了166个海月水母个体，其中包括从曹妃甸（M-CFD）、青岛（M-QD）、荣成

（M-RC）和潍坊（M-WF）4个采样点采集到的85个海月水母成体，以及从乐亭（E-LT）、青岛（E-QD）、荣成（E-RC）和东营（E-DY）地区的近海海参养殖池中采集到的81个海月水母碟状幼体，我们对共计8个地理种群进行了基于线粒体16S r RNA基因片段的海月水母种群遗传学研究。

二、分子鉴定

本研究共获得166条海月水母16S r RNA基因部分序列，通过BLASTn比对，发现黄渤海近岸海参养殖池内的海月水母成体和碟状幼体与He等（2015）研究的海月水母（Genbank登录号：KF962395）以及王建艳等（2013）研究的海月水母（Genbank登录号：JX845344）*A. coerulea*（*Aurelia* sp.1）的相关序列高度相似（99%），故本研究中海月水母均为*A. coerulea*，与近岸海域的海月水母为同一亚种。

三、种群遗传学分析

1. 遗传多样性分析

本研究分析的166条海月水母16S r RNA基因序列经比对长度为532 bp。532个位点中共检测到19个变异位点，变异比率为3.57%，其中6个简约信息位点，占1.13%，13个单态核苷酸变异位点，占2.44%。19个多态位点共定义了17种单倍型，定义为Hap1-17。碱基A、T、C和G平均含量分别为25.7%、35.4%、19.4%和19.5%。其中A+T含量（61.1%）与C+G（38.9%）含量比近似为2∶1，呈现A/T偏倚性，符合后生动物中线粒体基因组AT含量普遍偏高的特点（申欣等，2008）。

单倍型多样性Hd和核苷酸多样性π作为衡量物种种群的变异程度的指标，其数值高表明该种群具有丰富的遗传多样性（Neigel et al.，1993）。根据16S r RNA基因片段，8个种群的单倍型多样性的范围为（0.448 ± 0.134）~（0.755 ± 0.134），而核苷酸多样性的范围为（0.190 ± 0.059）%~（0.421 ± 0.062）%。合并后总种群的单倍型多样性和核苷酸多样性分别为$Hd = 0.686 \pm 0.032$（$Hd>0.5$）和 $\pi=$（0.329 ± 0.019）%（$\pi<0.5\%$）。其中，曹妃甸海月水母成体种群的单倍型多样性最高，而潍坊海月水母成体种群的单倍型多样性最低。曹妃甸海月水母成体种群的核苷酸多样性最高，而青岛海月水母碟状幼体种群的核苷酸多样性最低。海月水母8个种群的具体遗传多样性指数见表3-1。Tajima's D检验是基于种内多态性的一种中性检验方法，可反映出物种种群变化动态的历史。统计值为正值时说明序列进化方式为平衡选择，且有一些单倍型分化；负值时为负向选择，种群的扩张存在瓶颈效应。8个种群和总种群基于

Tajima’s D值进行中性检验，8个种群均为$P>0.10$，检测结果不显著，表明海月水母各地理种群在进化过程中没有出现种群扩张，种群大小保持相对稳定。

表3-1 海月水母样本信息及遗传多样性指数

地区	数目 N	单倍型 H	单倍型多样性 Hd	核苷酸多样性 π/%	Tajima’s D（P值）
M-CFD	23	8	0.755±0.084	0.421±0.062	−0.587 7（0.26）
M-QD	22	5	0.563±0.103	0.273±0.051	0.170 3（0.49）
M-RC	25	8	0.727±0.077	0.381±0.045	−0.485 7（0.25）
M-WF	15	3	0.448±0.134	0.218±0.072	−0.177 9（0.36）
E-DY	20	4	0.684±0.064	0.302±0.029	1.226 8（0.80）
E-LT	23	6	0.621±0.108	0.264±0.051	0.113 4（0.52）
E-QD	18	3	0.464±0.125	0.190±0.059	0.447 8（0.60）
E-RC	20	4	0.705±0.061	0.285±0.048	0.231 1（0.53）
Total	166	17	0.686±0.032	0.329±0.019	−1.287 5（0.05）

2. 遗传分化分析

8个种群间的遗传距离范围为0.002～0.005（表3-2）。青岛海月水母成体和碟状幼体种群间的遗传距离最近（0.002）；青岛海月水母成体和潍坊海月水母成体种群间遗传距离最远（0.005）。而8个种群间的遗传分化指数范围为−0.0335（M-RC/M-CFD）～0.5423（E-QD/M-WF），遗传分化指数结果（表3-3）显示，潍坊水母成体种群（M-WF）与其他种群间均存在显著的遗传分化（F_{st}：0.1762～0.5423，$P < 0.05$），而沿海海月水母成体种群和养殖池中的海月水母碟状幼体种群之间没有显著的遗传分化。M-WF种群与M-RC种群，以及与M-CFD成体间存在中等程度的遗传分化（$0.15 < F_{st} < 0.25$），M-WF与E-DY、E-LT、E-QD、M-QD种群间F_{st}值均大于0.25，且对应的N_m在0～1，Millar等（1991）指出，当种群之间的$N_m < 1$时，此种群可能是由于遗传漂变导致的分化；当$N_m > 4$时，认为种群间存在较为频繁的基因交流。

表3-2　基于16S r RNA的海月水母不同地理种群间的K2P遗传距离

地区	E-DY	E-LT	E-QD	E-RC	M-CFD	M-QD	M-RC	M-WF
E-DY	–							
E-LT	0.003	–						
E-QD	0.003	0.002	–					
E-RC	0.004	0.003	0.003	–				
M-CFD	0.004	0.003	0.003	0.004	–			
M-QD	0.003	0.003	0.002	0.003	0.004	–		
M-RC	0.004	0.003	0.003	0.003	0.004	0.003	–	
M-WF	0.004	0.004	0.004	0.004	0.004	0.005	0.004	–

表3-3　海月水母种群间基于16S r RNA的F_{st}值（下三角）和基因流N_m（上三角）

地区	E-DY	E-LT	M-RC	E-RC	E-QD	M-QD	M-WF	M-CFD
E-DY	–	8.120 7	8.863 3	5.597 6	6.996 3	−5 000	0.779 4	14.790 5
E-LT	0.058 0	–	155.75	−20.825 2	−85.245 8	−93.092 6	0.780 7	53.263 4
M-RC	0.053 4	0.003 2	–	−26.541 7	5.207 8	8.951 8	2.153 9	−15.425 3
E-RC	0.082 0	−0.024 6	−0.019 2	–	7.590 6	10.322 5	1.089 4	5.590 1
E-QD	0.066 7	−0.005 9	0.087 6*	0.061 8	–	−17.001 7	0.422 0	5.590 1
M-QD	-0.000 1	−0.005 4	0.052 9	0.046 2	−0.030 3	–	0.610 1	10.736 0
M-WF	0.390 8**	0.390 4**	0.188 4*	0.313 9**	0.542 3**	0.450 4**	–	2.337 7
M-CFD	0.032 7	0.009 3	−0.033 5	0.082 1	0.082 1	0.044 5	0.176 2**	–

注：*$P<0.05$，**$P<0.01$。

3. 系统分析

基于中介网络法构建了海月水母17种单倍型的网络图（图3-1），Hap1、Hap2、Hap3、Hap4和Hap11均存在于两个或者两个以上种群中。Hap2是出现频率最高的单倍型，被8个种群共享，这种单倍型一般是较为原始的类型，它们对环境的适应性较强，是种群中稳定存在的优势型，其他单倍型通过一步或者多步突变演化而来（Li et al.，2009）。Hap1出现在 M-CFD、M-QD、E-QD、E-DY、M-RC和E-LT种群中；

Hap3出现在除M-WF外的7个地理种群中；Hap4出现在M-CFD、M-RC、M-WF、E-LT和E-RC种群中；而Hap11被M-QD、M-RC和E-LT三个种群共享。除青岛海月水母碟状幼体外，其他种群均有自己的特有单倍型。系统进化关系表明各单倍型演化关系与地理种群的分布无显著的对应关系，海月水母8个种群之间无明显的系统地理结构。

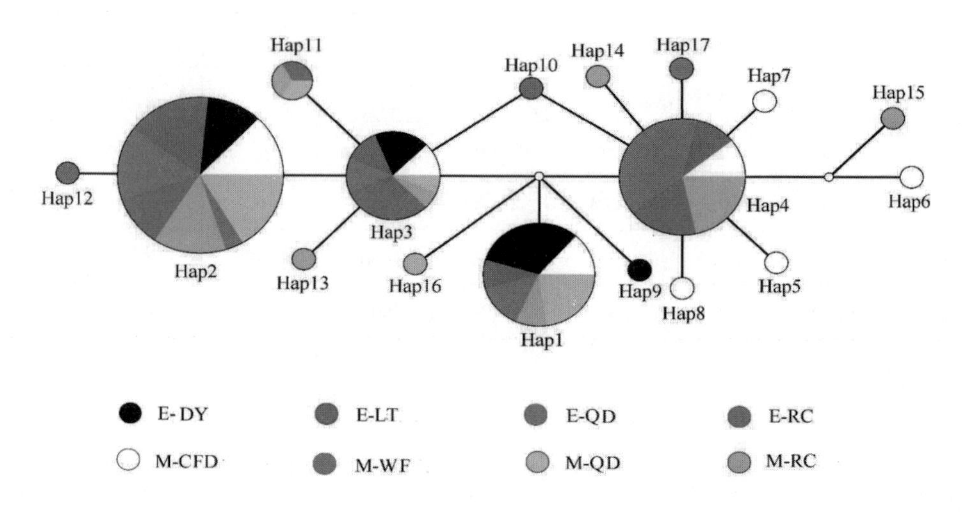

图3-1　基于16S r RNA基因的海月水母单倍型的中介网络图

注：彩色扇形面积表示各样品种群在同一单倍型中所占的比例，
白色圆点代表中间突变节点，圆面积表示单倍型出现频率

四、地理种群分化原因初探

本研究中黄渤海沿海的4个海月水母成体种群和滨海养殖池的4个海月水母碟状幼体种群没有显著的遗传分化。此外，养殖池中的碟状幼体种群的单倍型多样性普遍低于临近的沿海成体种群，如E-LT的单倍型多样性低于M-CFD，相似的结果也出现在E-QD和M-QD之间，以及E-RC和M-RC之间。这些结果表明养殖池中的海月水母碟状幼体种群是与沿海成体种群相同遗传群的一部分。这可能是由于中国近海海参养殖池具有一定的换水周期，养殖池的进水口和出水口虽会设置尼龙网以防止捕食者进入或养殖海参逃出，但无法防御水母浮浪幼体的进入。在进水的过程中，近海海域的一些单倍型的海月水母浮浪幼体随水流进入海参养殖池中，并能够在海参养殖池中建立自己的种群（沉降到海参池网箱、养殖网等基质上附着）。

基于中介网络图的系统地理学分析表明各单倍型演化关系与地理种群的分布无显著的对应关系，然而，遗传分化指数结果显示，潍坊水母成体种群（M-WF）与其他种群间存在显著的遗传分化，这意味着8个海月水母种群之间存在一定程度的基因交流，但M-WF与其他地理种群的基因交流受限。我们推测这与海月水母的生物学特征和海上运输业的发展有关。海月水母作为一种典型的浮游动物，其长距离移动的能力较弱；且其生活史特征为浮游世代和底栖世代交替，营底栖生活的螅状体几乎没有移动能力。季节性浮游种类，如桶水母（*Rhizostoma octopus*）和海月水母的底栖阶段的低扩散力意味着其较终身性浮游的种类如夜光游水母（*Pelagia noctiluca*）更容易形成明显的种群遗传结构（Stopar et al.，2010；Ramšak et al.，2012；Lee et al.，2013）。此外，海月水母的螅状体为其种群数量扩增的关键阶段，常附着于人工建筑上，如沿海码头等，因此，海月水母成体多聚集暴发于近岸海域和浅滩，在外海区分布较少，这进一步限制了海月水母的种群扩散。与本研究相似，李玉龙等（2016）发现采样于黄渤海的海蜇（*Rhopilema esculentum*）种群存在显著的遗传分化。本研究中曹妃甸种群与黄海的海月水母种群之间不存在显著的遗传分化可能是由于发达的海上运输业。Bolton等（2006）提出海上运输中的压舱水和船舶在传播新的单倍型或新物种中发挥重要作用。与青岛、荣成和曹妃甸相比，潍坊市的沿海运输业相对落后，因此潍坊种群与其他地理种群之间存在一定程度的基因交换，但基因交流频率和范围受限。

第二节　基于线粒体COI基因片段的钩手水母种群遗传学研究

一、样品采集

通过第二章第二节中对钩手水母的生物学特征观察，我们对同批钩手水母成体样品又进行了基于线粒体COI基因片段的钩手水母的种群遗传学研究。

二、种群遗传学分析

1. 遗传多样性分析

我们从LT、DY、YT和DL 4个地理种群共获得了104条钩手水母线粒体COI基因序列，上传NCBI获得登录号为MH020640-MH020743，同时，从Genbank数据库中下载了钩手水母同源序列（KF926130-KF926139；KY37814-KY437980）与我们的研究中所获得的目的片段共计286条钩手水母序列进行基于COI基因片段的分析（Govindarajan et al.，2017）。根据采样点所处水系将18个种群分为4个组，分别是西北大西洋（NWA）、西北太平洋（NWP）、东北太平洋（NEP）和东北大西洋（NEA），样品采集地具体信息和Genbank登录号见表3-4。

表3-4　钩手水母采集地点及引用序列登录号

地区	采样点	简称	Genbank登录号
西北大西洋（NWA）	美国新罕布什尔州大海湾（Great Bay，NH）	GB	KY437905-911
	美国雅茅斯巴斯河（Bass River，Yarmouth，MA）	BR	KY437888-904
	美国马什皮汉布林池塘（Hamblin Pond，Mashpee，MA）	HP	KY437834-851
	美国奥克布拉夫斯农场池塘（Farm Pond，Oak Bluffs，MA）	FP	KY437814-830
	美国埃德加敦森格肯塔克池塘（Sengekontacket Pond，Edgartown，MA）	SG	KY437831-833
	美国北金斯敦波特池塘（Potter Pond，North Kingston，RI）	PP	KY437912-933
	美国格罗顿芒福德湾（Mumford Cove，Groton，CT）	MC	KY437934-947
	美国格罗顿松岛（Pine Island，Groton，CT）	PI	KY437864-887
西北太平洋（NWP）	俄罗斯阿穆尔湾（Amur Bay，Peter the Great Gulf）	AB	KY437948-950
	俄罗斯沃斯托克湾（Vostok Bay，Peter the Great Gulf）	VB	KY437951-980
	日本越喜来湾（Okirai Bay，Japan）	JP	KY437852-863
	中国厦门（Xiamen，China）	XM	KF926130-139
	中国烟台（Yantai，China）	YT	MH020717-743
	中国大连（Dalian，China）	DL	MH020640-669
	中国东营（Dongying，China）	DY	MH020670-687
	中国乐亭（Laoting，China）	LT	MH020688-716
东北太平洋（NEP）	美国圣胡安岛（San Juan Island，WA）	FH	KY437982-985
东北大西洋（NEA）	冰岛阿夫塔内斯（Alftanes，Iceland）	IC	KY437981

我们研究的286条钩手水母序列经比对长度为501bp。501个位点上共检测到52个多态位点（10.38%），其中包括46个简约信息位点（9.18%），以及6个单态核苷酸变异位点（1.20%）。52个多态位点共定义了14种单倍型，分别为Hap1-14。286条COI基因序列比对后的碱基组成分析显示，碱基A、T、C和G平均含量分别为36.5%、26.3%、19.1%和18.1%，其中A+T含量（62.8%）明显高于C+G含量（37.2%）。

钩手水母总种群的单倍型多样性和遗传多样性分别为（0.743 ± 0.012）%（$Hd > 0.5$）和（1.046 ± 0.097）%（$\pi > 0.5\%$），表明钩手水母总种群具有较丰富的遗传多样性。基于Grant和Bowen（1998）提出的4个假设，单倍型多样性较高（$Hd > 0.5$）和核苷酸多样性较高（$\pi > 0.5\%$）的种群一般由一个稳定而大的种群长期进化而来，表明18个钩手水母总种群由一个稳定而大的种群长期进化而来。中国近海5个种群的501个位点上共检测到15个多态位点，其单倍型多样性和核苷酸多样性为（0.433 ± 0.056）%和（0.209 ± 0.035）%，均处于较低水平，贫乏的遗传多样性可能意味着中国黄渤海近海5个种群近期发生过种群的瓶颈效应或单一、少数种群所产生的建立者效应。钩手水母各种群的遗传多样性具体信息见表3-5。

表3-5　钩手水母样本信息及遗传多样性指数

地区	采样点	数目 *N*	单倍型 *H*	单倍型组成 Haplotype counts	单倍型多样性 *Hd*	核苷酸多样性 π/%
西北大西洋（NWA）	GB	7	2	Hap1-3；Hap14-4	0.571 ± 0.119	0.912 ± 0.191
	BR	17	3	Hap1-2；Hap12-12；Hap14-3	0.485 ± 0.126	1.004 ± 0.270
	HP	18	1	Hap12-18	0	0
	FP	17	2	Hap1-1；Hap12-16	0.118 ± 0.101	0.164 ± 0.141
	SG	3	2	Hap1-2；Hap12-1	0.667 ± 0.314	0.931 ± 0.439
	PP	22	2	Hap1-2；Hap12-20	0.173 ± 0.101	0.242 ± 0.141
	MC	14	2	Hap1-13；Hap12-1	0.143 ± 0.119	0.200 ± 0.166
	PI	24	2	Hap1-23；Hap12-1	0.083 ± 0.075	0.116 ± 0.105

续表

地区	采样点	数目 *N*	单倍型 *H*	单倍型组成 Haplotype counts	单倍型多样性 *Hd*	核苷酸多样性 π/%
西北太平洋（NWP）	AB	3	1	Hap1-3	0	0
	VB	30	2	Hap1-26；Hap11-4	0.239 ± 0.092	0.048 ± 0.018
	JP	12	2	Hap1-1；Hap2-11	0.167 ± 0.134	0.100 ± 0.080
	XM	10	1	Hap10-10	0	0
	DY	18	1	Hap2-18	0	0
	YT	27	5	Hap2-23；Hap3-1；Hap4-1；Hap8-1；Hap9-1	0.279 ± 0.112	0.148 ± 0.095
	DL	30	4	Hap1-6；Hap2-19；Hap5-4；Hap6-1	0.559 ± 0.086	0.307 ± 0.058
	LT	29	3	Hap1-2；Hap2-25；Hap7-2	0.256 ± 0.102	0.106 ± 0.050
东北太平洋（NEP）	FH	4	1	Hap13-4	0	0
东北大西洋（NEA）	IC	1	1	Hap13-1	0	0
中国	CH	114	10	–	0.433 ± 0.056	0.209 ± 0.035
总计	–	286	14	–	0.743 ± 0.012	1.046 ± 0.097

2. 遗传分化分析

利用Mega7.0基于K2P模型计算了钩手水母两两种群间的遗传距离，由表3-6可知钩手水母18个种群间的遗传距离范围在0 ~ 0.076，平均遗传距离为2%。采自中国近海的5个钩手水母种群间遗传距离范围为0.001 ~ 0.005，其中，厦门种群与其他4个种群间的遗传距离最远，为0.004 ~ 0.005。遗传分化指数F_{st}统计检验显示，各地理种群间的遗传分化指数从-0.197 ~ 1.000不等（表3-7）。在中国近海的5个种群中，厦门种群与黄渤海的乐亭、东营、烟台和大连4个种群间的遗传分化较大，基因流受限（$F_{st} > 0.25$；$P < 0.05$；$N_m < 1$），基因交流匮乏和距离隔离可能是产生上述分化的主要因素。大连海域的钩手水母种群与烟台、东营海域的钩手水母种群间存在中等程度的遗传分化（$0.05 < F_{st} < 0.15$；$P < 0.05$；$N_m > 4$），本区域内的海流分布和复杂的生活史是导致遗传分化的重要因素。

表3-6　基于COI的钩手水母不同地理种群间的K2P遗传距离

采样点	GB	BR	HP	FP	SG	PP	MC	PI	AB	VB	JP	XM	DY	YT	DL	LT	FH	IC
GB	–																	
BR	0.017	–																
HP	0.021	0.006	–															
FP	0.021	0.007	0.001	–														
SG	0.013	0.011	0.009	0.009	–													
PP	0.020	0.007	0.001	0.002	0.009	–												
MC	0.010	0.012	0.013	0.012	0.005	0.012	–											
PI	0.010	0.013	0.014	0.013	0.005	0.012	0.002	–										
AB	0.009	0.013	0.014	0.013	0.005	0.013	0.001	0.001	–									
VB	0.010	0.013	0.014	0.014	0.005	0.013	0.001	0.001	0.000	–								
JP	0.013	0.015	0.016	0.015	0.009	0.015	0.006	0.006	0.006	0.006	–							
XM	0.013	0.015	0.016	0.016	0.009	0.015	0.007	0.006	0.006	0.006	0.004	–						
DY	0.013	0.015	0.016	0.016	0.009	0.015	0.007	0.006	0.006	0.006	0.001	0.004	–					
YT	0.013	0.016	0.017	0.016	0.010	0.016	0.007	0.007	0.006	0.007	0.001	0.005	0.001	–				
DL	0.013	0.015	0.016	0.016	0.009	0.015	0.006	0.006	0.005	0.006	0.002	0.005	0.002	0.002	–			
LT	0.013	0.015	0.016	0.016	0.009	0.015	0.006	0.006	0.006	0.006	0.001	0.004	0.001	0.001	0.002	–		
FH	0.076	0.074	0.074	0.074	0.072	0.074	0.072	0.072	0.072	0.071	0.074	0.069	0.074	0.074	0.073	0.074	–	
IC	0.076	0.074	0.074	0.074	0.072	0.074	0.072	0.072	0.072	0.071	0.074	0.069	0.074	0.074	0.073	0.074	0.000	–

注：对角线以下为种群间F_{st}值；对角线以上表示基于F_{st}值的显著性分析（$P<0.05$），结果差异显著为“+”，不显著为“–”。

表3-7　钩手水母种群间的遗传分化（左下角）

采样点	GB	BR	HP	FP	SG	PP	MC	PI	AB	VB	JP	XM	DY	YT	DL	LT	FH	IC
GB	***	+	+	+	−	+	+	+	−	+	+	+	+	+	+	+	+	+
BR	0.429	***	+	−	−	−	+	+	+	+	+	+	+	+	+	+	+	+
HP	0.875	0.200	***	−	+	+	−	+	+	+	+	+	+	+	+	+	+	+
FP	0.804	0.115	0.003	***	+	−	+	+	+	+	+	+	+	+	+	+	+	+
SG	0.294	0.070	0.860	0.652	***	−	−	−	−	−	+	+	+	+	+	+	+	+
PP	0.786	0.100	0.035	-0.047	0.574	***	+	+	+	+	+	+	+	+	+	+	+	+
MC	0.524	0.489	0.033	0.853	0.107	0.811	***	−	−	−	+	+	+	+	+	+	+	+
PI	0.635	0.589	0.950	0.892	0.318	0.855	−0.050	***	−	−	+	+	+	+	+	+	+	+
AB	0.344	0.410	1.000	0.892	-0.000	0.834	−0.192	−0.197	***	−	+	+	+	+	+	+	+	+
VB	0.722	0.668	0.979	0.933	0.571	0.899	0.057	0.038	−0.116	***	+	+	+	+	+	+	+	+
JP	0.666	0.594	0.975	0.909	0.682	0.872	0.754	0.813	0.852	0.890	***	+	−	−	−	−	+	+
XM	0.699	0.607	1.000	0.932	0.775	0.891	0.828	0.874	1.000	0.943	0.869	***	+	+	+	+	+	+
DY	0.785	0.676	1.000	0.948	0.860	0.912	0.869	0.897	1.000	0.952	0.035	1.000	***	−	+	−	+	+
YT	0.742	0.675	0.946	0.902	0.730	0.876	0.766	0.806	0.799	0.858	−0.028	0.776	−0.016	***	+	−	+	+
DL	0.628	0.613	0.883	0.837	0.520	0.816	0.568	0.625	0.540	0.686	0.004	0.588	0.105	0.072	***	−	+	+
LT	0.765	0.691	0.959	0.917	0.764	0.890	0.784	0.819	0.835	0.872	−0.051	0.822	0.012	−0.000	0.052	***	+	+
FH	0.916	0.884	1.000	0.980	0.945	0.970	0.976	0.985	1.000	0.994	0.988	1.000	1.000	0.981	0.960	0.987	***	−
IC	0.872	0.857	1.000	0.976	0.864	0.965	0.971	0.983	1.000	0.993	0.986	1.000	1.000	0.979	0.956	0.985	0.000	***

3. 系统分析

本研究采用贝叶斯法（Bayesian，BI），以钩手水母14个单倍型构建了分子进化树，树上各节点上的数值为统计分析后对该分支的支持率。结果显示，Hap13（NEP/NEA）单独聚为一个独立分支，且具有最高的节点支持率（100%）。其他13个单倍型（NWP/ NWA）形成6个进化支，共同聚为一个分支（图3-2）。

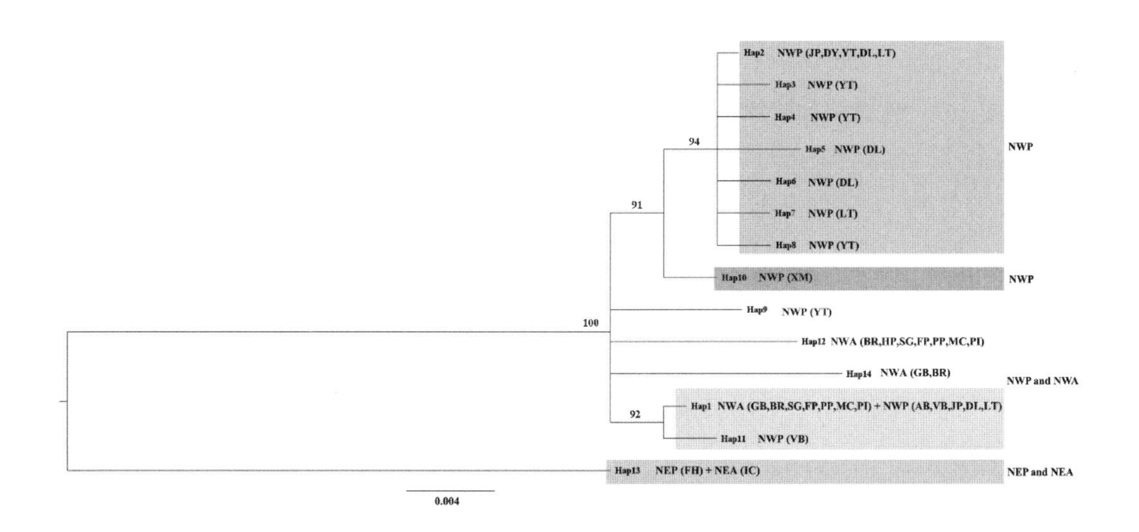

图3-2　基于贝叶斯理论的钩手水母的系统发育树

利用中介网络法构建的钩手水母种群单倍型网络关系图能清晰地说明各单倍型间的演化关系以及各地理种群的分布情况，且单倍型进化网络图进一步支持了分子进化树的分析。由图3-3可知，Hap1是12个地理种群的共享单倍型，其中包括中国大连和乐亭种群，但这些地理种群都隶属于NWP/NWA。Hap2为中国乐亭、东营、烟台和大连及日本越喜来湾5个种群的共享单倍型，且围绕Hap2形成辐射状的网络图，但中国厦门种群的10个个体单独形成Hap10。采自美国圣胡安岛的种群和采自冰岛的种群共同组成Hap13。其中Hap3、Hap4、Hap8、Hap9，Hap5、Hap6、Hap7、Hap10和Hap11分别为烟台、大连、乐亭、厦门和沃斯托克湾（VB）种群特有单倍型，与分子进化树的结果一致；且Hap3、Hap4、Hap6、Hap8和Hap9仅含一个种群的单一个体。Hap1、Hap2和Hap12为主体单倍型，其所占比例分别为29.4%、33.6%和24.1%，其他单倍型通过一步或者多步突变与之相连。

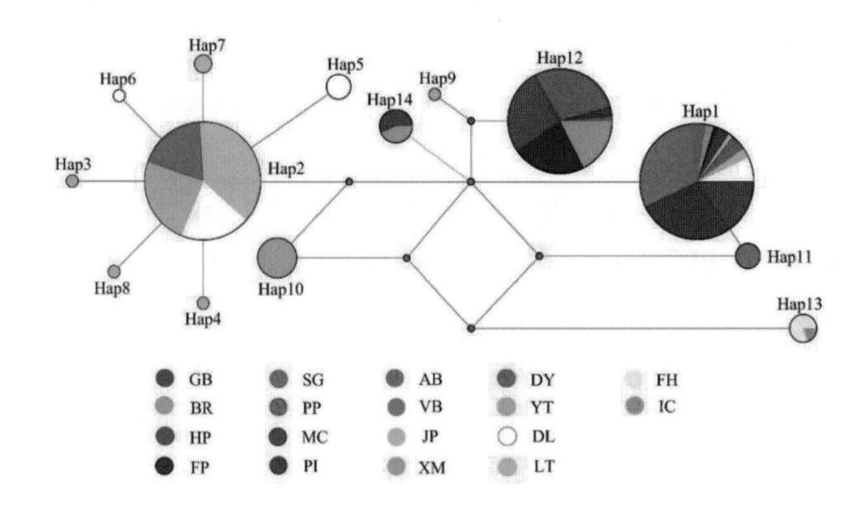

图3-3　基于COI基因的钩手水母单倍型的中介网络图

注：彩色扇形面积表示各样品种群在同一个单倍型中所占有的比例；
圆面积表示单倍型频率；红色圆点代表中间突变节点

四、地理种群分化原因初探

地理隔离能够限制种群间的基因交流，也是影响种群间遗传分化的重要因素。Wright（1943）指出，物种遗传分化的程度会随着地理距离的增加而增加，许多研究也证实了这一观点。如有研究表明马赛克水母（*Catostylus mosaicus*）及海月水母的不同地理种群由于长期隔离导致明显的遗传分化（Dawson et al.，2005）。一般认为，相比于陆生生物，海洋生物的遗传分化水平相对较低，主要缘于海洋环境缺乏阻止生物基因交流和种群扩散的有效屏障，这种现象在具有长距离运动能力的海洋生物中表现得尤为突出（Ward et al.，1994；Stabile et al.，1996）。种群遗传学认为F_{st}值可以显示种群间的遗传分化程度，Wright（1951）曾经提出对于遗传分化系数大小和分化程度的解释：当种群遗传分化系数F_{st}为0～0.05，表明种群间遗传分化很小；F_{st}为0.05～0.15，种群间存在中等程度的遗传分化；F_{st}为0.15～0.25，种群间遗传分化较大；F_{st}为0.25以上，种群间有很大的遗传分化。本研究中钩手水母18个地理种群间的遗传分化系数从−0.197～1不等，而在中国近海的5个种群中，厦门种群与其他几个种群间存在显著的遗传分化，大连与东营、烟台种群间存在显著的遗传分化。分子变异分析的结果显示群组间的遗传变异占总变异的60.17%，种群内的遗传变异占13.37%，群组间和种群内的遗传分化均极显著，进一步佐证了本研究取样范围内不同钩手水母地理种群间存在遗传分化现象。

推测原因之二与上节中海月水母种群分化的原因相似，即水母的扩散能力和生殖策略，简而言之终生浮游种类遗传分化较弱，而季节性浮游种类常具有更明显的遗传分化（Palumbi，1994；Stopar et al.，2010）。钩手水母是海洋中具有复杂生活史的水母种类，包括水螅体和水母体生活阶段，从高潮线至3 000米深海域的不同水层中均有分布（田金良，1987），表明其具有一定的扩散能力，但受生活史限制，推测黄渤海某些种群间如乐亭和东营等种群存在一定的基因交流。中国乐亭、东营种群采自渤海水域，烟台、大连种群采自黄海水域，而厦门种群采自东海水域，地理隔离和基因交流匮乏可能是厦门种群与其他几个种群间产生遗传分化的重要因素。

从分子进化树来看，钩手水母在进化树上形成两个明显的单倍型谱系分支，虽然系统关系并非严格有序，但相同地理种群的大部分个体仍聚在一起。这是由于本研究的采样地点集中在黄渤海地区，黄渤海水域为相对开放环境，使钩手水母4 个地理种群间基因交流较为顺畅，这也是乐亭、东营、烟台、大连种群共享Hap2的重要原因。钩手水母分布范围广泛，但由于取样地点不能完全覆盖水母分布区域，限制了钩手水母地理种群的遗传变异研究，因此本研究下载并比对了NCBI基因数据库中其他地区的COI同源序列，使数据更加完整。未来若要在更广泛的范围进行钩手水母遗传多样性的研究，还需加强对中国近海海域钩手水母的采集，以期为后续钩手水母的监测提供更多的参考资料。值得注意的是，本研究由于样本的限制，并不能确定地理种群中隐存种的存在。目前有研究表明水螅纲的某些种类的COI突变率较低，在今后的研究中可以开发进化效率更高、突变率高的分子标记对钩手水母样品进行分析，以期对水螅纲水母的遗传背景及遗传分化等研究提供更好的工具。

第三节　基于线粒体16S r RNA基因片段的珍珠水母分子鉴定

珍珠水母属目前的物种组成主要有3种：*Phyllorhiza punctata*、*Phyllorhiza luzoni*和*Phyllorhiza pacifica*。

一、样品采集

在第二章第三节中我们对珍珠水母的生物学特征进行了观察，这里我们对同批的3只珍珠水母成体样品又进行了基于线粒体16S r RNA基因片段的珍珠水母分子鉴定。

二、分子鉴定

3条来自珍珠水母的线粒体16S r RNA基因部分序列长度为506bp（GenBank登录号：MF991271，MF991278，MF991279）。对Gen Bank数据库的BLAST搜索显示，在我们的研究中的所有mt DNA 16S序列都属于珍珠水母属，并且与来自马来西亚沿海水域（JN184783）的*Phyllorhiza* sp.最相近，此分组在邻接树（Neighbour-joining trees）中具有100%的步长值支持率（图3-4）。该图仅显示步长值支持率75%以上的分支。此外，根据 Tamura-Nei模型得到*Phyllorhiza* sp.和 *P. punctata*的遗传距离是3.8%～4.8%。

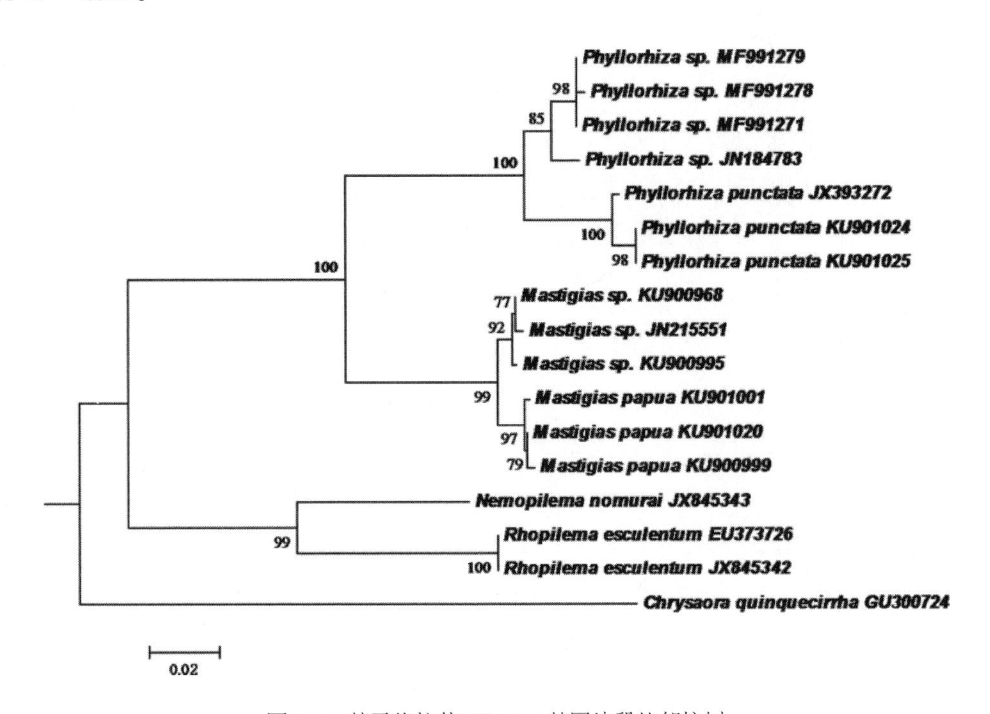

图3-4　基于线粒体16S RNA基因片段的邻接树

中国黄海水域常见的4种水母为：海月水母（*A. coerulea*）、海蜇、白色霞水母和沙海蜇（*Nemopilema nomurai*）（Dong et al.，2010），但在本研究的日本对虾养殖池中均未发现，而是发现了大量的珍珠水母属水母，且这些样本不属于该属现在已知的任何一个种，这也是*Phyllorhiza* sp.在中国海域的首次记录。该属已知的种类中*P. luzoni*和*P. pacifica*主要分布在菲律宾海域，而*P. punctata*主要分布在澳大利亚热带西太平洋水域（Graham et al.，2003），但是该种作为一种入侵物种在世界多处海域均有发现，包括巴西南部、加勒比海、墨西哥湾、美国和地中海（Graham et al.，2003；Bolton et al.，2004；Haddad et al.，2006；Deidun et al.，2017）。在中国南海曾经发现过该属的1个物种*P. chinensis*，Mayer（1910）认为它与*Cephea cephea*相似，但Kramp（1961）认为该研究的描述并不充分，并且报道中没有*P. chinensis*的相关图片信息和分子鉴定信息，仅凭描述不能确认这种发现种是属于另一种属还是仅为珍珠水母属的某一种已知种的不同颜色形态。

三、暴发原因初探

本研究中中国黄海对虾养殖池内珍珠水母的暴发原因尚未明了，我们推测养殖池内的珍珠水母来自周围海域，通过养殖池和周围海域定期的水交换而随水流从沿海水域进入到养殖池中，养殖池中的一些人工附着基，如养殖网具、礁石等有利于珍珠水母水螅的附着和种群扩增，养殖池中相对单一且稳定的生态环境有利于珍珠水母的生长发育，最终在夏季水母暴发高峰期在养殖池内形成珍珠水母暴发。而沿海水域中珍珠水母的来源，我们提出两个可能的原因：一是由海上运输而引入的物种入侵，该日本对虾养殖池周围有两个大型国际港口（连云港和上海港）也支持了这一假设；另外，水母水族馆也可能是珍珠水母的来源地，该养殖池周围的连云港水族馆中的珍珠水母成熟后会向海水中释放浮浪幼体，如果未对海水进行针对性处理而直接排放进入海域中，可能会导致珍珠水母幼体在沿海海域定居，在夏季，苏北沿海水流在该区域流动，可能将浮浪幼体运送到池塘中（Su et al.，2005）。但以上仅为根据池塘所处地理环境和内部设施进行的较为合理的推测，还需对该池塘周围海域进行进一步调查才能提供更有力的证据。

第四节　基于线粒体COI基因片段的管花萨氏水母分子鉴定

长管水母属（*Sarsia*）目前有11个有效种（Schuchert，2017），其中管花萨氏水母（*Sarsia tubulosa*）是该属中报道信息最多的物种。

一、样品采集

在第二章第四节中我们对管花萨氏水母的生物学特征进行了观察，这里我们对同批的3只管花萨氏水母成体样品进行了基于线粒体COI基因片段的分子鉴定。

二、分子鉴定

3只用于分子鉴定的管花萨氏水母线粒体COI基因的序列长度为662bp（GenBank登录号：KY767915-KY767917），对Gen Bank数据库的BLAST对比显示，研究中的所有mt DNA COI序列与北海（KC 440085-KC440087）、挪威水域（GQ120062GQ-120063）和长江口附近（JQ353758）的管花萨氏水母COI序列高度匹配。

为了探讨水母单倍型的谱系结构，利用Mega5.0软件（Ballard et al.，2010）基于K2P模型构建了管花萨氏水母的邻接树（图3-5），对管花萨氏水母线粒体 COI序列进行系统发育分析显示本研究中测序的所有成体水母均聚类于管花萨氏水母（*S. tubulosa*），在邻接树中具有98%的步长值支持率。

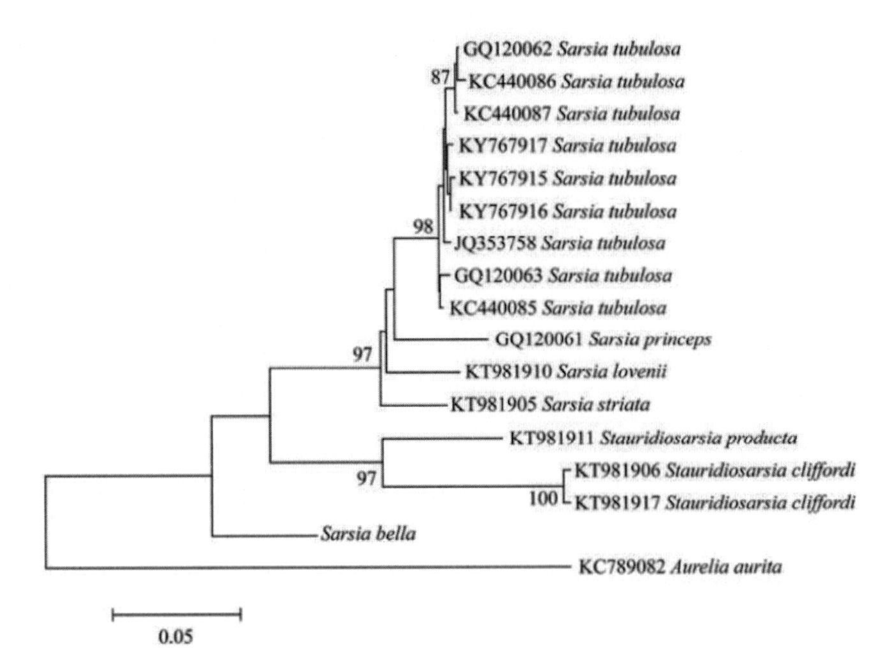

图3-5　基于K2P模型构建的管花萨氏水母COI序列的邻接树（显示支持率>50%的分支）

三、暴发原因初探

本研究中结合形态学观察和分子水平鉴定，我们证实2015年5月凤凰湖中大量出现的水母为管花萨氏水母，这是我国首次综合形态学和分子鉴定，证实了中国沿海水域存在管花萨氏水母。除长管水母属外，中国沿海水域已发现棍螅水母科的5个属；程方平等（2012）基于COI片段测序了一个采自长江口的管花萨氏水母个体，但未进行形态学描述。

管花萨氏水母是主要在春季（1月中旬至5月初）大量出现的种类，在华盛顿星期五港（Mills，1981）和伍兹霍尔鳗鱼池（Costello et al.，1995）中常有发现，另外在Limfjorden峡湾的早春时节常与其他水母体和海月水母碟状幼体一同出现（Hansson et al.，2005）。本研究中也表明管花萨氏水母成体的大量出现发生在春季。目前尚不清楚中国沿海水域的这些管花萨氏水母是本地物种还是外来入侵种，对周围水域的浮游生物多样性的调查相对较少，并且此前并没有管花萨氏水母的出现记录（Liu，2015）。文献材料和数据资料相对匮乏，管花萨氏水母在中国凤凰湖突然暴发的原因尚未明了，但我们尝试给出较为合理的推测。

已有研究表明，由于海上交通运输，港口和码头的人工栖息地可能成为外来物种入侵的重点地区（González-Duarte et al.，2016）。凤凰湖是一个位于北黄海石岛港附近的人工海湖，设有一个混凝土坝，因此，湖中管花萨氏水母的存在可能是由于海上运输引入了该物种，而该湖中的人工结构可以为管花萨氏水母水螅体的沉积和扩散提供更多的附着基，因为水螅体经常附着在沿海浅水水域的岩石、海草上（Edwards，1978）。未来还需对世界范围内的管花萨氏水母进行更多的种群遗传学研究，这可为探究中国凤凰湖中管花萨氏水母的来源提供更多的依据。

第四章　黄渤海滨海水产养殖对水母暴发的影响

近年来由于过度捕捞、海水温度升高、海洋富营养化、生物入侵、人工构建物增加等原因使得水母暴发的频率越来越高，严重影响了近海海洋渔业、沿海工业、滨海旅游业的发展和海洋生态系统的健康（Arai，2001；Purcell，2005；张芳等，2009）。水母的持续暴发会破坏近海生态系统的正常结构和功能，从而对近海生态系统的退化和演变产生重要影响，因此水母增多或暴发也被认为是继赤潮、绿潮等生态灾害之后，又一种由于海洋动物暴发而形成的非常严重的全球性生态灾害（孙松等，2010）。暴发的水母群大量捕食浮游生物从而影响鱼类的食物来源，还可通过捕食鱼卵和仔稚幼鱼而直接损害渔业资源。2002—2004年沙海蜇在日本海沿岸大量繁殖，水母体粘附网具致使沿岸各地渔民的渔获量锐减；2004年渤海辽东湾白色霞水母异常增多，导致当年辽宁、河北等省份的海蜇产量大幅度减少。水母暴发还会对沿海工业造成影响：2009年华电青岛发电有限公司海水循环泵的过滤网被成群的海月水母严重堵塞，青岛市三分之一的工业和居民用电受到了严重威胁；2013年辽宁红沿河核电站冷却水取水口出现水母大量聚集，严重威胁核电站的安全运行。

第一节　水产养殖对水母暴发的影响概述

水母暴发具有集群性、短期性、不稳定性和不连续性的特点，过去研究者认为过度捕捞、生物入侵以及全球气候变化等是水母暴发的主要原因：（1）过度捕捞使大型经济鱼类种群数量大幅减少，尤其是水母的主要天敌——鲳、鲀等鱼类种群大量减少，降低了水母在生态系统中的竞争压力和捕食压力；（2）船舶压舱水将某些水母带入新海域并大量繁殖，造成水母生物入侵灾害；（3）全球气候波动使水母种群数量丰度以及时间和空间分布异常；（4）沿海地区的码头、防浪堤、养殖设施等人工构建物增多，为水母水螅幼体阶段提供了大量的附着基；（5）海洋污染和富营养化造成藻类以及以藻类为食的小型浮游动物大量繁殖，为水母暴发提供了充足的物质基础。这些都为水母大量繁殖和暴发提供了有利条件。现在越来越多的证据表明，水产养殖也是造成水母暴发的重要原因。

水产养殖在极大程度上为水母的生长和繁殖提供了有利的环境条件。养殖设施如波形板、网箱、水泥池壁和人工鱼礁等，为水母类浮浪幼虫的附着和水螅幼体的生长发育提供了良好的附着基。相对于外海，养殖区水体平静，受风浪影响小；由于水流的集聚效应，水母等活动能力较弱的生物很容易在密集网箱区域大量聚集。养殖过程中过量的饵料投入，养殖产生的生物废物等都将造成养殖区域海水富营养化，为浮游动植物的繁殖提供有利条件，养殖区高生产力环境又为水母提供了充足的食物来源。2003年以前，我国台湾省大鹏湾牡蛎和鱼类养殖筏架区出现大量海月水母，养殖筏架拆除后，海月水母随之消失。

以辽宁、河北、山东等地滨海海参养殖为例，其养殖模式主要为近岸池塘养殖。池底以砖瓦堆或海参笼为人工礁，并覆盖遮阳网。遮阳网的黑暗环境抑制了海绵等污损生物的附着生长，砖瓦堆和海参笼等又为海月水母螅状幼体的附着和生长提供了大量的附着基和生存环境。在每年7—9月，浮浪幼虫随海水进入养殖池塘，并在瓦片、遮阳网上附着发育为螅状幼体。螅状幼体通过裂殖、芽殖、足囊生殖等无性生殖方式大量繁殖，在翌年的3—5月通过横裂生殖产生大量的海月水母碟状幼体，养殖户称其为“红水母”。碟状幼体对海参的影响暂无研究记录，但据养殖户描述，海月水母碟状幼体会造成捕捞海参的作业人员面部蜇伤，甚至引起休克等症状。

第二节　海参养殖池对海月水母种群扩增的影响

一、调查方法

2016年4月在黄渤海沿岸的养殖池中开展野外调研，这些养殖池主要用于海参养殖。我们选择了黄渤海沿岸的4个采样点：青岛、荣成、东营和乐亭。每个采样点调查大约60～100个养殖池（图4-1）。

每个采样地点，均在碟状幼体暴发的养殖池和无碟状幼体的养殖池中收集表面海水样本。测定叶绿素a和海水中营养成分的浓度，包括溶解无机氮（DIN: NO_3^-，NO_2^-，NH_4^+）、溶解有机氮（DON）、溶解无机磷酸盐（DIP）和溶解硅酸盐（DSi）的营养浓度；以及环境参数，包括海水温度和盐度，用YSI-600多参数水质探测仪（YSI，Yellow Springs，OH）测量。

图4-1　黄渤海海参养殖池中海月水母的发生

A、B、C. 分别为用岩石、混凝土、泥土筑成的塘坝；

D、E、F. 分别为用塑料遮阳网、瓦片、基质笼制作的生物礁；

G、H和I. 分别为由塑料遮阳网、瓦片和基板网箱制成的生物礁底面的海月水母发生情况

不同地域在海参养殖池中使用的塘坝和生物礁的结构各不相同（图4-2），我们利用数码相机（佳能G7X）记录了各个养殖池坝基建材料以及在Nauticam防水保护罩（Nauticam NA-G7X）下拍摄水下视频。在现场勘察中，将塘坝基建材料分为岩石（图4-2A）、混凝土（图4-2B）和泥浆（图4-2C）三种。生物礁主要有四种类型：塑料遮阳网（图4-2D）、红瓦砖（图4-2E）、网箱基材（图4-2F）和空心砖。乐亭的海参养殖池中人工搭建塑料遮阳网和金属支撑结构。东营碟状幼体暴发养殖池内的人工建设是由塑料遮阳网和混凝土制成的空心砖组合而成，塘坝是由混凝土建筑。荣成的养殖池采用黏土建造塘坝，利用红瓦砖作为生物礁。青岛碟状幼体暴发的养殖池中，塘坝是用岩石建造的，使用的是基质网箱。

二、调查结果及分析

1. 海参池内海月水母碟状幼体的分布

2016年4月，4个养殖区域共调查和取样327个海参养殖池。海水温度15.6～17.6℃，盐度32.5～37.5。在4个地域的海参养殖池中均发现了海月水母。在我国北方石岛沿海养殖池首次记录到海月水母的大规模暴发（图4-2A，B），养殖池淡红色区域的碟状幼体平均密度估计为7.38×10^6个/米^3（图4-2C，D），类似于“赤潮”。

图4-2 中国黄渤海养殖池碟状幼体暴发的野外和实验室观察

A、B. 海月水母碟状幼体在山东石岛沿海养殖池中的高密度聚集；

C、D. 碟状幼体的形态学特征；比例尺= 0.2 mm

海月水母碟状幼体在乐亭、东营、荣成和青岛海参养殖池内的平均丰度分别为$1.03\times10^5\pm3.47\times10^5$个/米^3、$0.26\times10^5\pm0.73\times10^5$个/米^3、$2.17\times10^5\pm7.20\times10^5$个/米^{3}和$0.31\times10^5\pm2.60\times10^5$个/米^3（图4-3）；最高丰度分别为$5.70\times10^6$个/米^3、$2.19\times10^6$个/米^3、$2.27\times10^6$个/米^{3}和$3.46\times10^5$个/米^3。在所调查的乐亭、东营和荣成的海参养殖池中碟状幼体的密度高于1×10^6个/米^{3}的分别有5个、5个和1个养殖池。乐亭、东营、

荣成、青岛人工养殖池中发现海月水母养殖池比例分别为52.4%、48.6%、45.2%、14.5%。

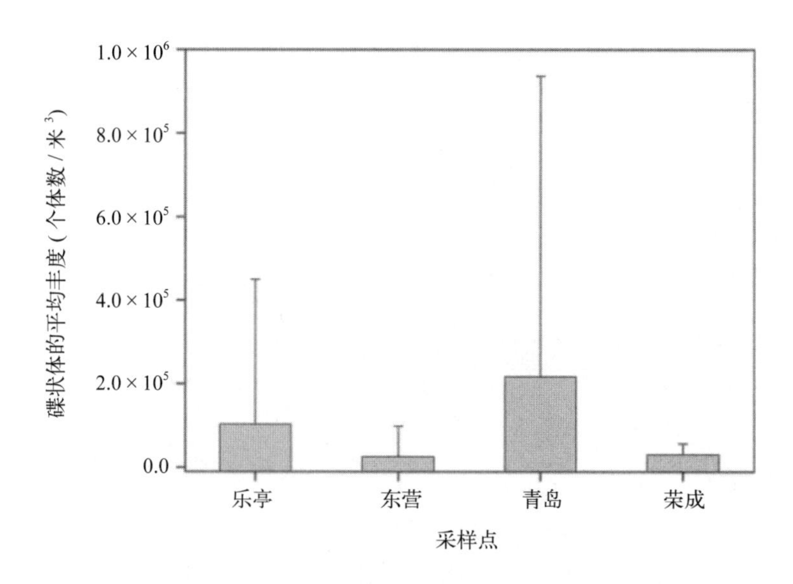

图4-3　黄渤海海参养殖池内碟状幼体的平均丰度

本次调查研究的养殖池中，天然岩石建造的养殖池占1.23%，混凝土建造的养殖池占15.34%，泥土建造的养殖池占83.44%。用混凝土、岩石和泥土建造的养殖池池坝对海月水母碟状幼体的分布没有显著影响。

在4个采样区域中，碟状幼体暴发和无碟状幼体养殖池的溶解营养物（DIN、DON、DIP和DSi）和Chl-a浓度的变化分布无规律（图4-4）。碟状幼体暴发养殖池和无碟状幼体养殖池的DIN浓度均在3～18微摩尔/升（图4-4A）。碟状幼体暴发的养殖池中的DON浓度为43～53微摩尔/升，无碟状幼体养殖池中的DON浓度为29～89微摩尔/升（图4-4B）。在碟状幼体暴发的养殖池中，DIP浓度为0.15～1.20微摩尔/升，而没有碟状幼体的养殖池中，DIP浓度为0.12～0.42微摩尔/升（图4-4C）。碟状幼体暴发养殖池的DSi浓度为0.9～5.51微摩尔/升，而无碟状幼体养殖池的DSi浓度为1.6～5.46微摩尔/升（图4-4D）。Chl-a浓度在碟状幼体暴发养殖池中为（0.18±0.09）～（4.85±0.25）微摩尔/升，在无碟状幼体养殖池中为（0.23±0.20）～（0.91±0.09）微摩尔/升（图4-4E）。在海参养殖池中，海月水母碟状幼体的丰度与DIP浓度和Chl-a浓度呈显著正相关。除DON浓度外，4个地点碟状幼体暴发养殖池中营养成分和Chl-a浓度存在显著差异。乐亭的碟状幼体暴发养殖池中的DIP和Chl-a明显高于其他地区，且繁殖期养殖池中海月水母碟状幼体的丰度也高于其他地区。

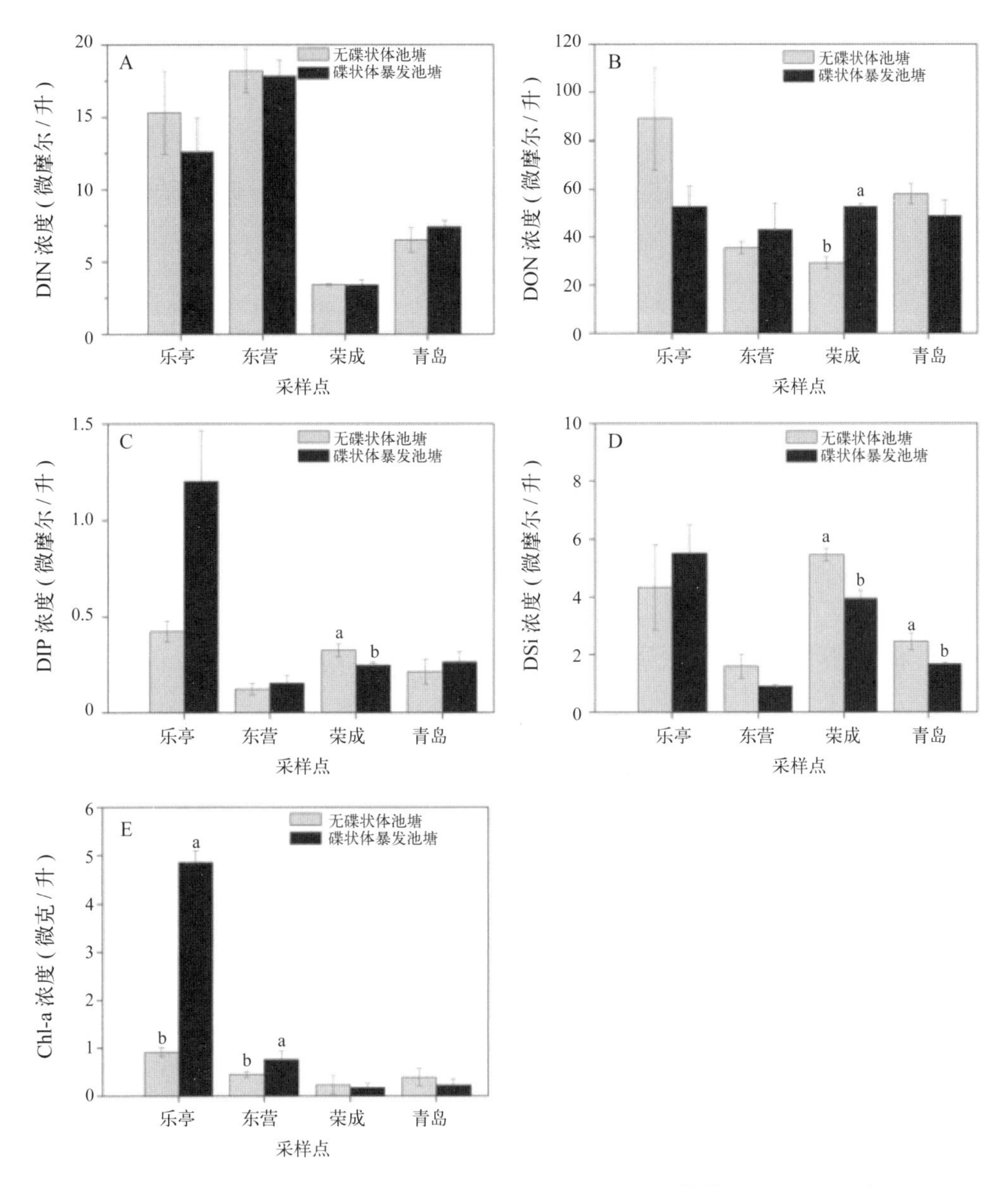

图4-4　黄渤海碟状幼体暴发和无碟状幼体的养殖池的营养物质和Chl-a浓度

A. 溶解无机氮浓度；B. 溶解有机氮浓度；C. 溶解无机磷酸盐浓度；
D. 溶解硅酸盐浓度；E. 叶绿素a浓度

2. 海参池内海月水母螅状幼体的分布

在4个采样区域的众多海参养殖池中，选择发生海月水母碟状幼体暴发的海参池，展开螅状幼体发生及分布的调查。

乐亭海参养殖池采用混凝土构筑塘坝，利用塑料遮阳网、空心砖等材料构建生物礁。在混凝土坝和空心砖内未发现螅状幼体，海月水母螅状幼体分布在黑色塑料遮阳网的底面（图4-2G）；螅状幼体的平均覆盖率为37%±25%。管虫是主要的污损生物，同时出现在塑料遮阳网的底面；其他结垢生物的平均覆盖度为62%±10%。

东营海参养殖池采用混凝土构筑塘坝，利用塑料遮阳网、空心砖等材料构建生物礁。在混凝土坝和空心砖内未发现螅状幼体，海月水母螅状幼体分布在黑色塑料遮阳网的底面（图4-2G）；螅状幼体的平均覆盖率为43%±25%。管虫出现在塑料遮阳网的底面；其他结垢生物的平均覆盖度为41%±32%。

荣成海参养殖池利用红瓦片构建生物礁。发现螅状幼体分布于瓦片的底面，在瓦片的外侧未发现螅状幼体的存在（图4-2H）。

青岛海参养殖池使用岩石构筑塘坝，利用基质网箱构建生物礁。在岩石筑成的大坝上没有发现螅状幼体。基质支撑架的外侧覆盖着大型藻类，在支撑架的内侧发现海月水母螅状幼体（图4-2I）；螅状幼体的平均覆盖率为46%±16%。海鞘是主要的污损生物，同时出现在支撑架的底面；其他结垢生物的平均覆盖度为18%±9%。

三、海参养殖池内人工生物礁可能促进海月水母暴发

海参养殖池大部分较浅，典型深度为1.5～2米（Han et al.，2016）。沿海养殖池和沿海水域之间的水交换是通过潮汐或泵。入口和出口都覆盖着尼龙渔网（最大网目10毫米），以防止潜在的捕食者进入和养殖海参的逃逸。生物礁是海参养殖池的重要组成部分，因为生物礁可以保护海参免受捕食、食物资源以及夏眠和冬眠的影响（Xu et al.，2017）。在中国，许多材料被广泛用于建造生物礁以供海参水产养殖，包括瓷砖、砖、石头、灯笼网和塑料（Chen，2004）。

在渤海和黄海的港口和沿海水域，时常发生海月水母大量暴发（Dong，et al.，2010；2012）。碟状幼体主要分布在人工建筑（包括渔港、电站、浮动码头）附近的沿海水域（Wang et al.，2015）。因此，在渤海和黄海的沿海地区分布的大量养殖池是海月水母的潜在分布区。我们的研究发现在渤海和黄海沿岸4个调查地区的海参养殖池中，均有海月水母的分布。

养殖池内的塑料遮阳网、瓦片和基质网箱制成的生物礁等都可以被螅状幼体用作附着基质，螅状幼体主要分布在塑料遮阳网、瓦片和基板网箱的底面。其他野外调查也发现了类似的结果（Miyake et al.，2002；Purcell et al.，2009；Marques et al.，2015）。例如，在日本鹿儿岛湾的浮墩和浮标的底面发现了海月水母（*A. aurita*）螅状幼体（Miyake et al.，2002）。海月水母螅状幼体主要附着在人工硬质衬底上，包括金属、混凝土和塑料（Marques et al.，2015）。在天然和人工材料之间，海月水母浮浪幼体有不同的基质选择和附着偏好（Holst et al.，2007；Hoover et al.，2009）。

海月水母浮浪幼体更倾向于附着于人工附着基——塑料，而不是天然附着基——贝壳（Holst et al.，2007）。在从人工附着基选择栖息地时，浮浪幼体和螅状幼体更倾向于附着于塑料而不是橡胶和经过处理的木材（Hoover et al.，2009）。因此，以塑料网箱和塑料基质网箱制作的生物礁是海月水母浮浪幼体附着的适宜基质。

在找到合适的附着底物之前，海月水母浮浪幼体寿命一般少于1周（在实验室条件下可长达28天）。在此期间，它们可能被捕食，可能远离海岸无法附着，也可能暴露在极端的环境条件下。因此，减少浮浪幼体寻找合适附着底物的时间将提高海月水母浮浪幼体的存活率。渤海和黄海的底部主要由沙、泥和混合沉积物组成，不适宜海月水母浮浪幼体的附着；而人工养殖池内的生物礁为浮浪幼体提供了适宜的栖息地点，增加了附着成功率。

分布在浅层的螅状幼体面临着与其他污染生物对空间的广泛竞争境况（Feng et al.，2017）。我们的研究中发现在由基质网箱或塑料遮阳网制成的生物礁的底面，其他生物的覆盖率较低，因此减少了与螅状幼体的空间竞争。此外，人工礁石上的螅状幼体附着区相对隐蔽，可能排除了一些螅状幼体的捕食者和竞争者，如裸鳃类、腹足类和甲壳类动物。海参养殖池周边环境相对封闭，养殖池的人工建设也限制了水流，可能有利于浮浪幼体的附着。

生物礁是人工养殖池的重要组成部分。碟状幼体在养殖池内的频繁暴发，且临近养殖池的渤海和黄海海域碟状幼体的出现，表明海参养殖池中的碟状幼体可能是附近沿海水域碟状幼体的重要来源。海参养殖池的入水口和出水口都用尼龙渔网覆盖，以防止潜在的捕食者的进入和养殖海参的逃逸；但是，它们不能阻止浮浪幼体和螅状幼体在海参养殖池和沿海水域之间的交换，碟状幼体或随着潮流流向沿海水域。因此，沿海养殖池的碟状幼体的暴发可能是渤海和黄海的沿海水域水母大量繁殖的原因之一。

第三节　凤凰湖养殖池对海月水母和管花萨氏水母种群扩增的影响

凤凰湖是位于中国黄海北部石岛湾的人工海湖（36°55′ N，122°24′ E），面积1.39平方千米，平均水深约5米。凤凰湖大坝用混凝土建造，一个进水阀和两个排水阀与石岛湾进行海水交换。2007—2010年，凤凰湖被用于仿刺参养殖，2010年起用于景观旅游和休闲渔业。夏季凤凰湖中常出现海月水母，平均约10.5个/米^3。

一、调查方法

选取凤凰湖的5个观测站和湖外两条排水道的6个观测站进行水母生活环境调查。调查方法与本章第二节大致相同。通过潜水调查发现湖底存在大规模的生物礁（图4-5A，B），经研究发现该生物礁是由一种多毛纲动物（*Hydroides dianthus*）形成，密集的多毛纲生物群落在混凝土坝上方形成了块状生物礁，这是在中国沿海水域首次发现由侵入性多毛纲生物形成的生物礁。除此之外，湖底由软沉积物组成（图4-5D），湖内存在金属坝（图4-5E）和一些塑料网（图4-5F）。

图4-5　凤凰湖湖底海月水母螅状幼体的发生

A和B. 外来多毛纲生物形成的生物礁；C. 外来多毛纲生物礁上附着海月水母螅状幼体；D. 凤凰湖湖底软沉积物；E. 凤凰湖金属坝；F. 凤凰湖内塑料网

二、调查结果及分析

1. 凤凰湖内的海月水母碟状幼体的分布

基于形态学特征，所有取样的碟状幼体鉴定为*A. coerulea*。凤凰湖的碟状幼体平均密度为（41±49）个/米^3（mean±SD；N=5）；碟状幼体的最高密度出现在E1站，密度为128个/米^3。在湖外两条排水道中也发现了海月水母碟状幼体；两个排水道的平均碟状幼体密度为1 316个/米^3（mean±SD；N=6）。2015年5月采样时，凤凰湖海水温度为16.7℃，盐度为33。浮游动物平均丰度为（93 068±60 614）个/米^3（mean±SD；N = 5），浮游动物标本以多毛类幼虫为主，平均密度为（57 800±40 531）个/米^3（mean±SD；N=5），Chl-a平均浓度为（13.23±5.65）微克/升（mean±SD；N=5），溶解无机氮、溶解无机磷酸盐和溶解硅酸盐浓度分别为（7.0±8.59）微摩尔/升、（1.05±0.49）微摩尔/升和（4.48±1.10）微摩尔/升（mean±SD；N=5）。凤凰湖内碟状幼体密度与浮游动物密度、Chl-a浓度和营养盐浓度之间无显著关系。

2. 凤凰湖内的海月水母螅状幼体的分布

海月水母螅状幼体只在由多毛纲动物形成的生物礁上发现（图4-5C），在软泥、塑料网和金属坝附近的横断面上没有发现螅状幼体。螅状幼体的覆盖率为5%～80%，平均25%。

3. 凤凰湖内的管花萨氏水母的分布

凤凰湖内管花萨氏水母密度较高。平均采样海水体积为（0.59±0.16）立方米（mean±SD；N=5），管花萨氏水母平均密度为（50±40）个/米^3（mean±SD；N=5）。在E5采样点，管花萨氏水母的密度最高，为107个/米^3。

三、凤凰湖内生物礁可能促进水母暴发

有研究提出由多毛类生物形成的生物礁支持丰富多样的生物群落生存，可以作为栖息地为生物提供附着基质、食物和避难所（Chapman et al.，2012）。我们的研究发现，外来多毛类生物*H. dianthus*形成的生物礁为海月水母螅状幼体的附着和繁殖提供了适宜的栖息地。除此之外，还有研究者认为管虫可作为海月水母螅状幼体适宜的附着基，尤其是在软沉积物环境中（Miyake et al.，2002）。黄海底泥主要由沙、泥和混合底泥组成，不适合水母浮浪幼虫的沉降（Chen et al.，2012）。因此，由毛类生物*H. dianthus*形成的生物礁可能为海月水母螅状幼体和管花萨氏水母的生存提供适宜的基质。

外来多毛纲*H. dianthus*对生境的改变导致生境的复杂性和异质性增加。*H. dianthus*所形成的生物礁形成复杂的三维结构，为海月水母浮浪幼体提供了丰富的隐蔽区和遮荫区。以往的研究表明，浮浪幼体更倾向于在低光强的人工结构底边附着（Miyake et al.，2002；Purcell et al.，2009）；且塑料网和金属等人工结构是海月水母浮浪幼体偏好附着的基质（Holst et al.，2007；Marques et al.，2015）。但在凤凰湖进排水口附近的塑料网和金属坝上未发现螅状幼体，说明在水流较强的区域，螅状幼体难以附着。生物礁可以稳定底层基质，抵抗侵蚀，并影响水流，因此可能为海月水母和管花萨氏水母螅状幼体的附着和繁殖提供一个稳定的环境。

生物礁上聚集的脊椎动物和无脊椎动物的不同组合常常为食肉动物和食草动物的食物来源。此外，我们的研究显示，凤凰湖浮游动物的数量比附近的沿海水域多，即外来多毛纲生物*H. dianthus*所形成的生物礁周围可获得的食物增加，可以促进螅状幼体的无性繁殖。

第五章　黄渤海滨海水母暴发对水产养殖的影响

第一节　水母暴发对水产养殖的影响概述

一、对养殖生物的影响

1. 蛰伤养殖生物

水母多属于刺胞动物门，其触手具有含毒素的微小刺细胞。当养殖生物与水母接触时，物理或化学刺激可激活刺丝囊，内含毒素的刺细胞由刺丝囊进入养殖生物体内，引起机体内细胞或组织的机械损伤，并伴随着包括神经毒素、细胞毒素以及蛋白溶解酶等溶血性化合物引起的毒性损害。尤其是养殖收获时，拉网易造成养殖生物与水母接触性蜇伤死亡，大大降低养殖产品的商品质量和价格。

2. 引起养殖生物疾病

现有研究发现水母体内外广泛共生着微生物，其中可能潜伏着致病微生物（Grossart et al.，2010）。当水母与其他养殖生物发生直接身体接触，或水母分泌的黏液释放到周围海水中与其他生物发生接触时，与水母共生的致病微生物可能感染接触对象，造成其疾病发生甚至死亡，并可能在养殖区域内形成传染，对养殖产业造成巨大冲击。有关水母共生的微生物研究详见第六章。

3. 摄食养殖生物幼苗

在养殖育苗过程中，育苗池中的水螅体、碟状幼体或水母体常捕食养殖幼苗，给育苗工作带来了极大的风险和挑战，直接影响养殖效益。

4. 与养殖生物争夺饵料资源

水母主要以浮游生物为食，大量发生的水母会破坏养殖水域浮游生物的群落结构，并与某些种类的养殖生物形成竞争关系，影响产能。

二、对养殖环境的影响

水母暴发对养殖环境的影响主要包括两方面：（1）养殖网箱或养殖池内水母消耗养殖水体的溶解氧；（2）水母消亡时细菌大量滋生造成水体酸化，导致养殖生物发生疾病和死亡。

大规模水母聚集除了本身大量耗氧，造成水母暴发海域溶解氧减少外，水母分泌黏液也会造成水体浑浊缺氧。水母死亡后，有机碎屑沉降分解的养分释放到水体，使微生物大量繁殖。这些都会造成氧气减少，形成低氧区，引起养殖鱼类和贝类等因缺氧而死亡。宋金明等（2012）对水母消亡方面的研究发现，水母消亡过程中平均耗氧量可达每小时65.5微摩尔/千克。水母腐烂所产生的养分可增加浮游植物的生物量与生长速率，甚至推动危害性赤潮的发生。水母暴发所引起养殖海域的低氧环境导致其他不耐低氧生物的连锁死亡，进而加重氧气的消耗，扩大低氧无氧区域。

水母大量聚集腐烂时还会造成养殖区域海水的酸性环境。随着水母体的分解腐烂，其中蛋白质等有机物质在腐烂分解过程中转化成酸性物质，使水体pH降低。养殖水体缺氧和酸化对水产养殖造成的损失，是水母对养殖生物直接影响造成损失的数倍，甚至会导致养殖生物绝产。

三、水母暴发影响水产养殖的案例

1. 水螅水母

水螅水母的种类丰富，目前全球已鉴定出大约840种水螅水母，我国记录种有180余种。水螅水母个体微小，大多数小于1厘米，并且呈透明状，可以通过网孔进入网箱内，通常难以被注意到。水螅水母常常是造成水产养殖中鱼、虾等死亡的罪魁祸首：水螅水母的螅状体通常附着于养殖网箱、地笼、围网等设施，水母体可通过网孔进入网箱内，但水螅水母的人工打捞和去除却十分困难。

在我国，邵国洱等（2004）研究茶皂素对养殖池灾害水母防治中，报道了芽口枝管水母（*Proboscidatyla ornata*）在浙江舟山沿海地区虾蟹类养殖池的暴发现象。芽口枝管水母大量捕食池塘中的浮游生物，破坏池塘生态环境和养殖生物饵料结构；同时螅状幼体和水母体捕食虾蟹幼苗，其分泌的有害毒素更危及养殖虾蟹的生长，严重时造成养殖虾蟹的绝产。2017年，东营、威海和大连等地区的滨海养殖池相继暴发大量钩手水母，并引起池内野生虾类的死亡。根据我们实验室的初步模拟实验，钩手水母剧毒刺细胞短期内会造成仿刺参（*Apostichopus japonicas*）和日本对虾（*Penaeus japonicus*）的大量死亡（详见本章第三节）。

在欧洲，似杯水母科*Phialella quadrata*、太阳水母科*Solmaris corona*和侧管水母科*Dipleurosoma typicum*是造成养殖鱼类大量死亡的罪魁祸首。根据在爱尔兰班特里湾鲑鱼养殖场的调查，*P. quadrata*和*S. corona*两种水母密度与养殖鲑鱼死亡率呈显著正相关。

2. 管水母

在水母类中，管水母是构造复杂、高度多态的种群。其种群是由附着在干茎上的许多水螅型个体和水母型个体组成，无明显的世代交替现象。

1997—1998年冬季，离翼水母科的*Apolemia uvaria*在挪威西海岸养殖区大量聚集，造成养殖鲑鱼的皮肤、眼睛和鱼鳃等组织器官蛰伤，养殖鲑鱼的死亡率大大增加。在挪威和爱尔兰沿海的鱼类养殖场发现五角水母（*Muggiaea atlantica*）与养殖鱼类死亡有关。五角水母是欧洲沿海海域一种常见的小型管水母，直径仅有1厘米，因此能够穿过网箱。鲑鱼等经济鱼类在呼吸时易将这种小水母体吸入嘴中，造成鱼类口腔和鳃部的接触性蜇伤和溃烂。

3. 钵水母

钵水母主要包括冠水母目、旗口水母目和根口水母目等，是水母类中个体较大的种群，如沙海蜇的伞径可超过2米。钵水母的水母体较发达，在伞部边缘有成束或分散排布具有刺细胞的触手。白色霞水母、沙海蜇、海月水母（*A. coerulea*）等是近年来我国渤海、黄海、东海等沿海地区大型水母灾害的主要种类。

海月水母碟状幼体和小型水母体被认为是1990年左右挪威和苏格兰渔场鱼类大量窒息死亡的元凶。2010年夏季，英国和爱尔兰沿海大量出现的海月水母造成养殖鲑鱼死亡率显著增加。在塔斯马尼亚和亚洲也存在类似由海月水母引起的养殖鱼类死亡的事件。2013年至今，在我国山东、河北等地区滨海海参养殖池暴发“红水母”，通过调查发现为海月水母的碟状幼体。

夜光游水母是东大西洋和地中海的常见钵水母，每年夜光游水母的暴发引起西班牙、爱尔兰、英国等沿海地区大西洋鲑鱼、欧洲鲈鱼等养殖鱼类大量死亡，给当地水产养殖业造成大量损失。如2007年，夜光游水母暴发造成北爱尔兰海域即将捕捞收获的25万条大西洋鲑鱼死亡。

4. 栉水母

栉水母的触手不具有刺细胞，但它对水产养殖业的危害依然不可忽视。栉水母个体小，易被鱼类呼吸时吞入。1986年，挪威海域蝶水母科的*Bolinopsis infundibulum*

暴发时，大量养殖鱼类由于水母堵塞鱼鳃而窒息死亡。在我国福建沿海地区，球型侧腕水母（*Pleurobrachia glodosa*）数量高峰期与许多经济水产养殖对象育苗期相近，对养殖稚贝、幼虾等水产养殖对象具有破坏性，是养殖业的重要敌害。在硬壳蛤（*Mercenaria mercenaria*）和菲律宾蛤仔（*Ruditapes philippinarum*）育苗中发现，育苗池中的球型侧腕水母会与幼苗争食饵料，并会捕食浮游幼虫和稚贝。

第二节　海月水母对养殖仿刺参的影响

2018年，作者团队在荣成仿刺参养殖池中发现海月水母碟状幼体的暴发现象，并就暴发的海月水母可能对仿刺参养殖造成的影响开展实验。

一、实验材料与方法

1. 实验动物采集和暂养

本实验中仿刺参为青岛市城阳区某仿刺参养殖场饲养的1年龄幼参。实验室中18℃控温，在水族箱中充氧暂养5天。暂养期间每天对仿刺参投喂幼参专用藻粉饲料，喂食后换水。选取大小一致且状态良好的仿刺参个体进行实验，尽量避免其他非控制因素的影响。海月水母碟状幼体采集于荣成市石岛某海参养殖场，用手持式浮游动物采集器采集海月水母碟状幼体放于盛有海水的整理箱中，运回实验室18℃控温充气暂养2天；暂养期间每天对海月水母喂食1日龄卤虫无节幼体，喂食后换水。

随机挑取海月水母碟状幼体30只，在解剖镜下拍照并测量每只碟状幼体的直径；选取大小较为一致的60只仿刺参，实验前测量并记录每只仿刺参的重量，并按照重量平均分为6组。

2. 海月水母碟状幼体暴露培养仿刺参

实验前期海月水母碟状幼体对仿刺参暴露过程在8升水族箱中进行，实验组和空白组分别设置3个平行共6个水族箱，每个水族箱中加入5升0.22微米滤膜过滤海水。使用空调控制室内温度，使水温保持在16～18℃。使用充氧泵对养殖水体进行充氧，以避免水体缺氧。实验组每个平行中加入海月水母碟状幼体5 000只，密度为1 000个/升；控制组不放入海月水母碟状幼体。

实验期间不对仿刺参和海月水母碟状幼体进行喂食。YSI-600监测记录海水0小时、12小时、24小时、36小时、48小时、60小时、72小时、84小时、98小时的水温、盐度、溶解氧、pH值等数据以及海参各种形态学和行为学变化。仿刺参在海月水母碟状幼体密度为1 000个/升的水族箱中暴露98小时后，进行仿刺参耗氧率的测定。

3. 仿刺参耗氧率的测定

使用Loligo Systems AR15150 4水槽自动呼吸测量系统进行仿刺参耗氧率的测定。水槽水温为18℃，测试中保持充氧。将三个实验组和控制组的仿刺参个体分别放入三个圆柱形样品槽测定（图5-1），每组三个平行分别进行三个循环测试。测试完成后对仿刺参个体进行称重，利用溢水法测量仿刺参个体的体积。

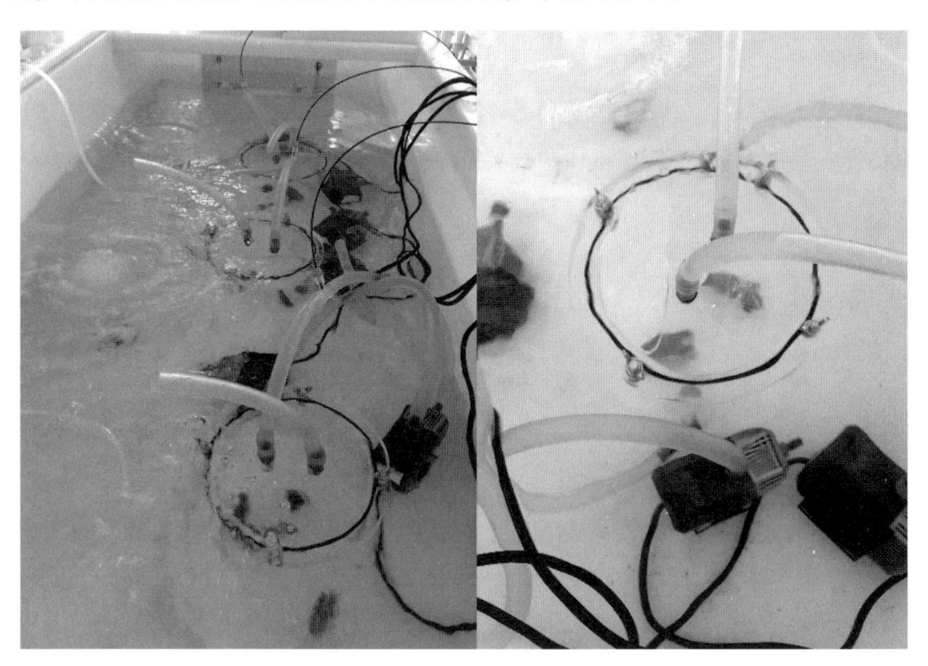

图5-1 Loligo Systems AR15150 4水槽自动呼吸测量系统水槽部分

4. 仿刺参组织石蜡包埋切片

在实验结束后，取实验仿刺参于平皿内，用手术刀剥离切取皮组织大小为0.5厘米×0.5厘米。切取组织时一般从刀的根部开始向后拉动切开组织，避免用钝刀前后拉动或用力挤压组织。用镊子夹取组织时动作轻柔，不宜过度用力；避免使用有齿镊，否则会挫伤或挤压组织，引起组织结构的挤压变形和损伤。

取标本总体积的15倍量的Bouin氏固定液于烧杯，将取好的组织立刻投入固定液中固定组织24小时，固定温度控制在25℃。固定时要注意组织在固定液中的位置，并随时翻动仿刺参组织，使其充分固定。用流水冲洗干净，充分脱去苦味酸的黄色。

经过50%、70%、80%酒精浸泡各1小时，95% Ⅰ、95% Ⅱ、100% Ⅰ、100% Ⅱ酒精浸泡各45分钟完成脱水过程。每级向后转移前，须将组织块上的液体用吸水纸吸干，以免影响后续乙醇的浓度。

仿刺参组织依次浸泡1/2二甲苯～1/2无水乙醇30分钟、二甲苯Ⅰ20分钟、二甲苯Ⅱ20分钟。在56～60℃烘箱内的融化石蜡中经过两次浸蜡各1小时，使石蜡浸透组织。注意浸蜡温度不宜过高，时间不宜过长，否则会引起组织变硬、变脆，影响切片。

用温热的吸管吸热的石蜡注入小方皿里，待底面石蜡稍微凝固时，用温镊子夹取仿刺参组织放入盒中央位置，待石蜡全部凝结变硬后即可取出。包埋过程要迅速，否则会产生结晶不易切片。控制好温度，如果温度过高，凝固太慢，会产生气泡，温度太低不易成为整体。

将包埋好的蜡块用刀片修整成长方形或正方形以备切片，组织的周围需留1～2毫米宽的蜡边。用酒精灯烧热金属片，烙烫组织蜡块切面的对面，速黏于小木块上，冷却后装在切片机上，使组织切面与刀面平行，固定切片刀。

切片操作：

（1）固定切片刀：刀刃向上，保持水平。调好角度，一般在4～6°；

（2）固定组织块；

（3）调整所需要的切片厚度：一般在6～10微米；

（4）调整仿刺参组织块和刀刃的距离：移动持刀器，或拔开齿轮上的牵引钩，前后转动齿轮以移动组织块固定器，两者刚要接近时为宜；

（5）调整组织块于刀刃之间的角度和位置：组织块的切面及上下边需与刀刃平行；

（6）粗切：右手摇轮，左手转动齿轮，慢慢将组织块切到组织本身；

（7）切片：右手转动摇轮，形成连续切片；

（8）展片：用毛笔轻轻将蜡带挑起，慢慢接触40～45℃水面，借助水表面张力使其在水面展开；

（9）贴片：取干净玻片，滴一小滴甘油蛋白于玻片中央，用食指沿同一方向打匀，用小镊子夹取预先用刀片割开的蜡带，使浮于水面上，摆正位置（一般稍偏于玻片的一端，留下位置贴标签），待切片完全张开后把玻片放入37℃温箱中过夜。

组织切片的脱蜡过程在染缸中进行，分别放入二甲苯，各级浓度的酒精中。二甲苯Ⅰ、二甲苯Ⅱ各20分钟，二甲苯+100%酒精（1∶1），100%酒精Ⅰ、Ⅱ，95%酒精，80%酒精，70%酒精，50%酒精，蒸馏水各5分钟。

将已浸入水中的切片取出放入苏木素染液中，约5分钟。期间可取出片子，冲洗干净后在显微镜下观察染色情况，以防染色过度。取出片子后用自来水冲洗2分钟时颜色发蓝，流水不能过大，以免切片脱落。然后用显微镜观察直至颜色变蓝为止。放入酸性水数秒钟退色，直到切片变红。入自来水使得切片恢复蓝色，并在氨水中固蓝。在显微镜下观察，以细胞核呈蓝色且结构清楚，细胞质或结缔组织无色为标准。

伊红是一种酸性染料，被伊红染色的结构呈红色或粉红色（如细胞质）。放入不同浓度酒精中脱水。50%酒精→70%酒精→80%酒精（各5分钟）→伊红1分钟→95%酒精Ⅰ→95%酒精Ⅱ→100%酒精Ⅰ→100%酒精Ⅱ（各5分钟），将上述已脱水染色的切片依次放入二甲苯+100%酒精（1∶1）5分钟→二甲苯Ⅰ10分钟→二甲苯Ⅱ10分钟（目的是除去切片中的酒精，因为仿刺参组织中的酒精不与树胶相溶，除去酒精后才能封藏）。取出切片用纱布擦去多余二甲苯，速滴一滴中性树胶后用干净盖玻片封藏，注意不要产生气泡。

二、实验结果与分析

在实验过程中YSI-600记录实验海水的盐度范围为31.5纳克/升，pH值为8，温度稳定在18℃。整个暴露期间，仿刺参无死亡现象。

实验过程中观测到，暴露组仿刺参有15只/次蜕皮，而控制组仅有5只/次蜕皮。暴露组仿刺参出现吐肠现象（图5-2）。

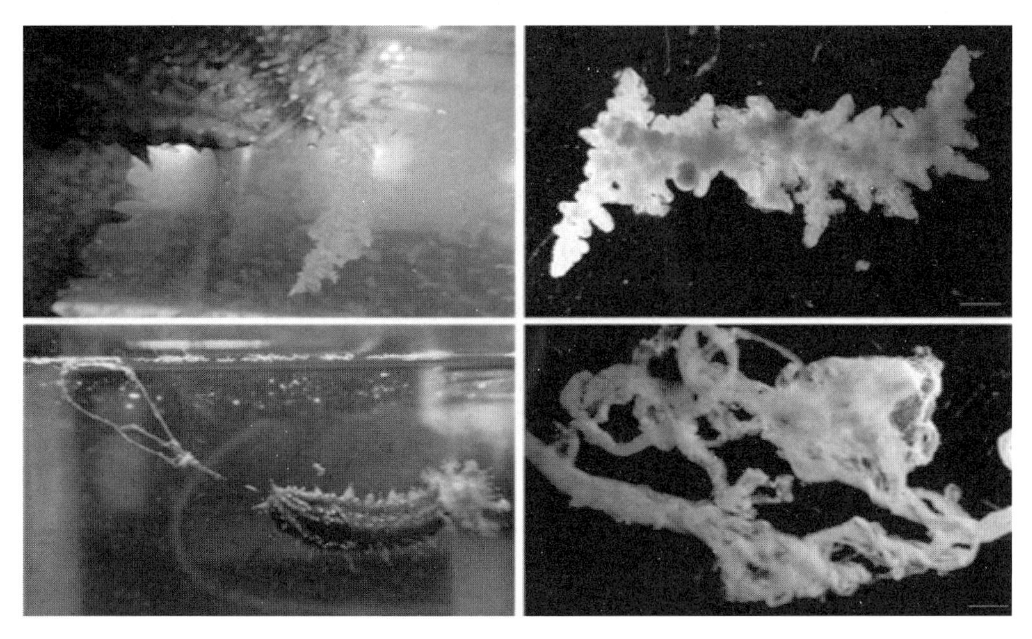

图5-2　海月水母暴露组仿刺参吐肠和蜕皮现象

使用Loligo Systems AR15150 4水槽自动呼吸测量系统测定实验组和控制组仿刺参的耗氧量。实验结果如表5-1，使用SPSS 19.0 PROBIT分析数据，独立样本分析$P>0.5$，T检验无显著性差异。

表5-1　实验组和控制组仿刺参的耗氧率（OCR）

控制组	耗氧率 /海参鲜重每克每小时耗氧毫克	实验组	耗氧率 /海参鲜重每克每小时耗氧毫克
C1	0.011 1	E1	0.009 6
C2	0.010 5	E2	0.010 1
C3	0.012 7	E3	0.010 3
均值	0.011 4	均值	0.010 0

石蜡包埋切片的显微镜观察发现，实验组仿刺参皮肤表面破损，表层细胞呈不规则的溶解状态；而正常仿刺参的表皮细胞则表现出致密有序的排列状态（图5-3）。

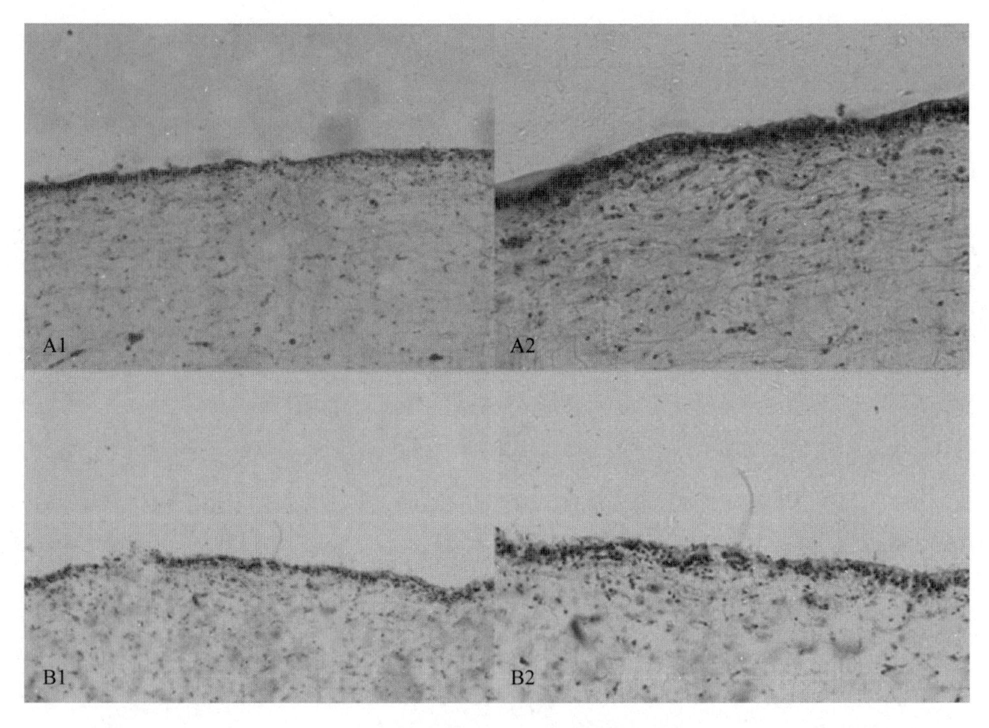

图5-3　仿刺参皮组织石蜡包埋切片

A1、A2. 对照组；B1、B2. 实验组

三、小结

近年来在仿刺参疾病预防及仿刺参生长环境的物理条件的研究成果较多，但对仿刺参共栖大型海洋生物及其对仿刺参影响的研究较少。已有研究发现桡足类、刚毛藻、麦秆虫等生物对仿刺参的生长具有一定的影响，侵扰并附着在仿刺参表面，造成

幼参表皮感染和溃疡，最后导致幼参大面积死亡。对以上有害生物暂时未有有效的药物进行防治，多采取人工清理的方法去除。

本实验初步探索了海月水母碟状幼体对仿刺参的生理影响，结果表明实验组仿刺参呼吸率均小于控制组（表5-1）；虽然无统计学显著性差异，但是海月水母碟状幼体对仿刺参的生理代谢依然产生了一定的影响。此外，海月水母暴露组的仿刺参蜕皮个体数远多于控制组（暴露组共15只，控制组仅为5只），且暴露组的仿刺参出现吐肠现象。作者团队认为此初步研究结果可以证实海月水母高密度分布对养殖仿刺参的生长发育具有不利影响，未来应展开更深入的实践探索。

第三节　钩手水母对养殖日本对虾和仿刺参的影响

在第二章第二节中提到，2017年作者团队对黄渤海滨海养殖池的调查中发现，在东营、乐亭、大连等地的海参养殖池中分布着大量的钩手水母。日常野外调查中我们也曾观察到在钩手水母聚集区域有虾类死亡的现象。为了进一步了解钩手水母对此两种养殖生物的危害，我们开展了钩手水母（10个/升）对日本对虾和仿刺参的摄食及毒性作用实验。

一、实验材料与方法

1. 实验动物采集及暂养

本实验中日本对虾幼体为威海文登日本对虾育苗场培育的30日龄幼体，日本对虾成体购买自烟台对虾养殖场，充气打包后用整理箱运回实验室暂养2天，暂养期间每天分别喂食幼虾和成虾颗粒饲料，喂食后换水。仿刺参为烟台市芝罘区某仿刺参养殖场饲养的1年龄幼参，在水族箱中充氧暂养5天，暂养期间每天对仿刺参投喂幼参专用藻粉饲料，喂食后换水。选取大小一致且状态良好的个体进行实验。钩手水母采集于东营河口某海参养殖场，用手持式浮游动物采集器采集钩手水母后，置于海水箱中，运回实验室24℃控温充气暂养2天，暂养期间喂食卤虫无节1日龄幼体，喂食后换水。

随机挑取钩手水母30只，在解剖镜下拍照并测量每只钩手水母的伞部直径。随机挑取日本对虾幼体30只，在解剖镜下拍照并测量每只对虾的体长；选取大小较为一致的36只仿刺参，实验前测量并记录每只仿刺参的重量，并按照重量平均分为6组；选取大小较为一致的36只日本对虾成体，实验前测量并记录每只日本对虾的重量，并按照重量平均分为6组。

2. 钩手水母暴露培养日本对虾和仿刺参

（1）钩手水母对日本对虾幼体的毒性

将钩手水母置于12个盛有1升0.45微米滤膜过滤的海水的烧杯中，每个烧杯放入1只钩手水母，将12个烧杯分为4组。每组依次加入5只、10只、15只、20只日本对虾幼体，每隔30分钟记录烧杯中钩手水母摄食对虾的数量以及对虾死亡的数量。实验在24℃培养箱中进行，过滤海水在实验前充氧2小时，以保持实验海水富氧环境。实验前使用YSI测定实验海水的温度、盐度、溶解氧、pH等数据。

（2）钩手水母对日本对虾成体的毒性

实验在6个8升水族箱中进行。每个水族箱加入5升0.45微米滤膜过滤的海水，将36只对虾成体随机平均放入水族箱中，每个水族箱6只日本对虾成体。将6个水族箱分为2组，一组为空白对照，另一组每个水族箱加入10只钩手水母。实验开始后每12小时记录对虾的死亡数量。实验过程中，水体保持充氧状态，YSI测定实验水体的温度、盐度、溶解氧、pH等。空调控制实验室温度在22～24℃。

（3）钩手水母对仿刺参的毒性

实验在6个8升水族箱中进行。每个水族箱加入5升0.45微米滤膜过滤的海水，将36只仿刺参随机平均放入水族箱中，每个水族箱6只仿刺参。将6个水族箱分为2组，一组为空白对照，另一组每个水族箱加入10只钩手水母。实验开始后每12小时记录仿刺参的状态和死亡数量。实验过程中，水体保持充氧状态，YSI测定实验水体的温度、盐度、溶解氧、pH等。空调控制实验室温度在22～24℃。

二、实验结果与分析

1. 钩手水母对日本对虾幼体的毒性作用

实验中钩手水母的伞部直径为（17.92±0.69）毫米，日本对虾幼体的长度为（10.92±0.71）毫米。实验海水水温为24℃，盐度为33.49，pH值为8.1，溶解氧为6.71毫克/升；光照12小时：黑暗12小时。实验开始30分钟时，除了5只/升组外，其他三组的钩手水母均有捕捉对虾的摄食现象，但对虾未出现死亡；这可能是由于对虾受到蜇伤的时间较短的原因。60分钟时除了5只/升组，其他三组的对虾幼体开始出现死亡现象。90分钟时全部处理组的对虾均有被摄食和死亡现象。实验进行300分钟时，随着日本对虾幼体的密度增加，其死亡数量也随之增加。这可能是由于高密度的对虾数量增加了其与钩手水母的接触概率，造成蜇伤对虾的数量在增加（图5-4）。

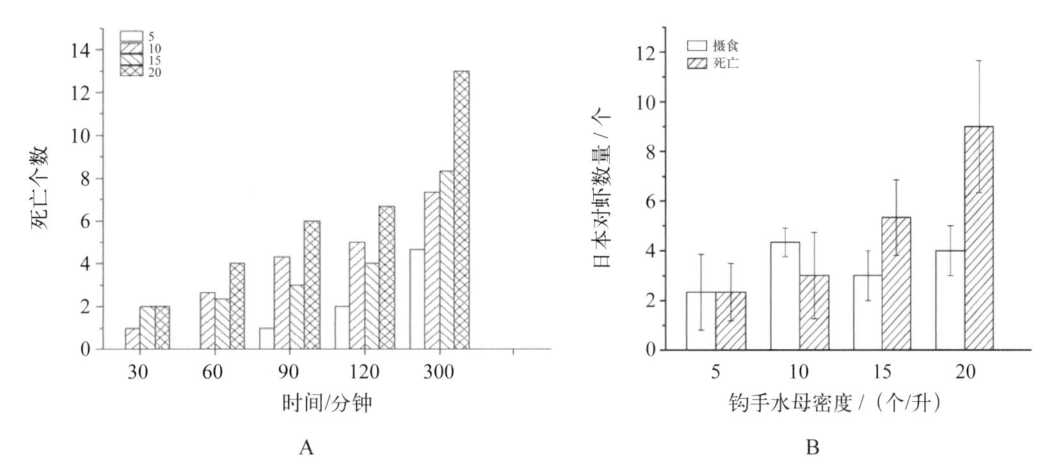

图5-4　钩手水母对日本对虾幼体的毒性作用

A. 不同密度的钩手水母随着时间变化对日本对虾幼体的毒性作用；

B. 不同密度的钩手水母对日本对虾幼体的毒性作用

2. 钩手水母对日本对虾成体的毒性作用

本实验中钩手水母的伞径为（12.73 ± 0.89）毫米，日本对虾的重量为（7.75 ± 0.41）克。水族箱中实验海水的水温为23.17℃，盐度为33.63，pH值为8.1，溶解氧为6.43毫克/升；光照12小时：黑暗12小时。实验开始，对虾接触钩手水母表现出强烈的反应，并出现跳缸、身体倾倒现象。第12小时时，实验组的对虾开始出现死亡、状态不佳等现象。在36小时时实验结束，统计发现，实验组总计死亡对虾数量13只，对照组仅有3只死亡（图5-5）。

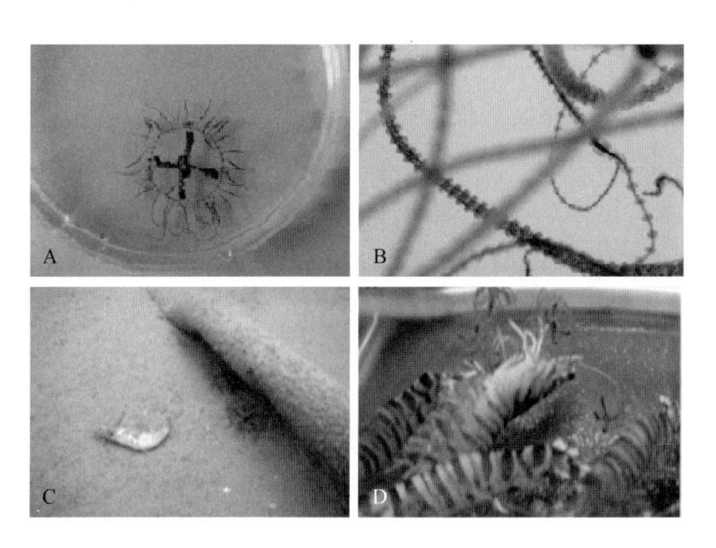

图5-5　钩手水母对日本对虾成体的毒性作用

A. 钩手水母成体；B. 钩手水母触手；C. 钩手水母引起养殖池内对虾死亡；D. 实验中钩手水母造成日本对虾死亡

2. 钩手水母对仿刺参的毒性作用

实验中钩手水母的伞径为（12.73±0.89）毫米，仿刺参的重量为（5.93±0.69）克。水族箱中实验海水的水温为23.41℃，盐度为34.86，pH值为8.1，溶解氧为6.85 毫克/升；光照12小时：黑暗12小时。在实验中，当仿刺参接触钩手水母时表现出强烈的刺激反应，如身体翻转和收缩等现象。12小时时，实验组的仿刺参出现吐肠、皮肤溃烂甚至死亡。实验进行36小时时，实验组仿刺参总计有3只吐肠，9只皮肤溃烂，9只死亡（图5-6）。

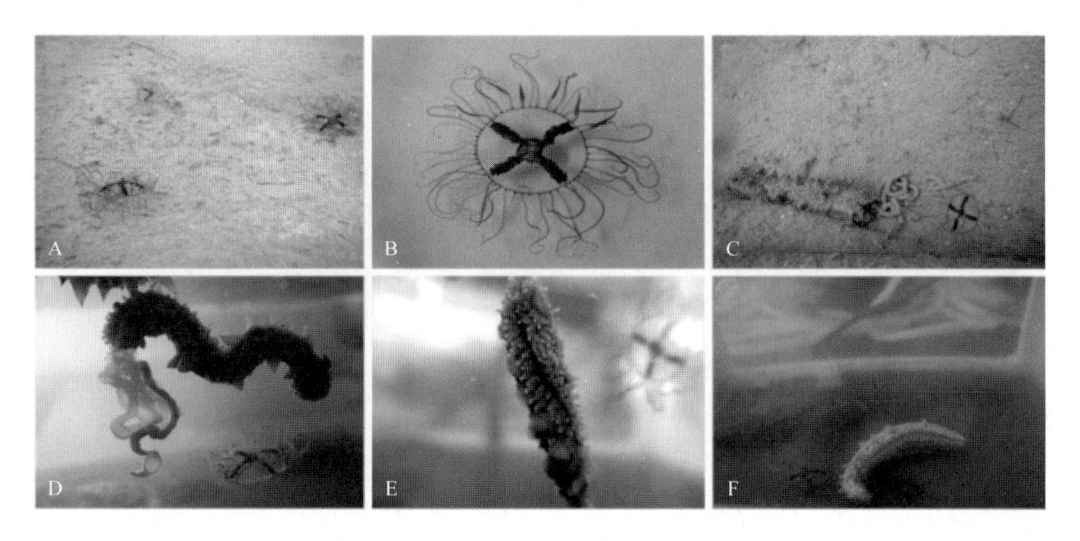

图5-6　钩手水母对仿刺参的毒性作用

A. 养殖池中的钩手水母；B. 钩手水母成体；C. 钩手水母和仿刺参；D. 实验中钩手水母造成仿刺参吐肠；E. 实验中钩手水母造成仿刺参皮肤溃烂；F. 实验中钩手水母造成仿刺参死亡

三、小结

三个实验结果都表明钩手水母对养殖生物具有较强的毒性。养殖池中大量出现的钩手水母会对仿刺参、日本对虾等养殖生物的养殖安全产生危害：一方面会摄食投入的虾苗等养殖幼体；另一方面水母可能蜇伤甚至蜇死养殖生物，给养殖户造成巨大的经济损失。

第四节　珍珠水母对养殖日本对虾的影响

上文第二章第三节中提到作者团队于2017年在江苏省灌云县某虾贝养殖池发现珍珠水母新记录种，其后该种于2019年又出现于江苏省启东市。

实验设计与上节中钩手水母对日本对虾幼体毒性的实验大致相同，初步探索珍珠水母是否对日本对虾幼苗造成毒性或产生影响。研究发现，珍珠水母作为根口目水母种类，其触手毒性对养殖生物的伤害较小。实验过程中珍珠水母的附属器及口腕会吸附日本对虾幼体，但并不能将对虾幼苗直接吞入；虽会造成部分幼苗死亡，但死亡率较钩手水母实验中的死亡率低（图5-7）。

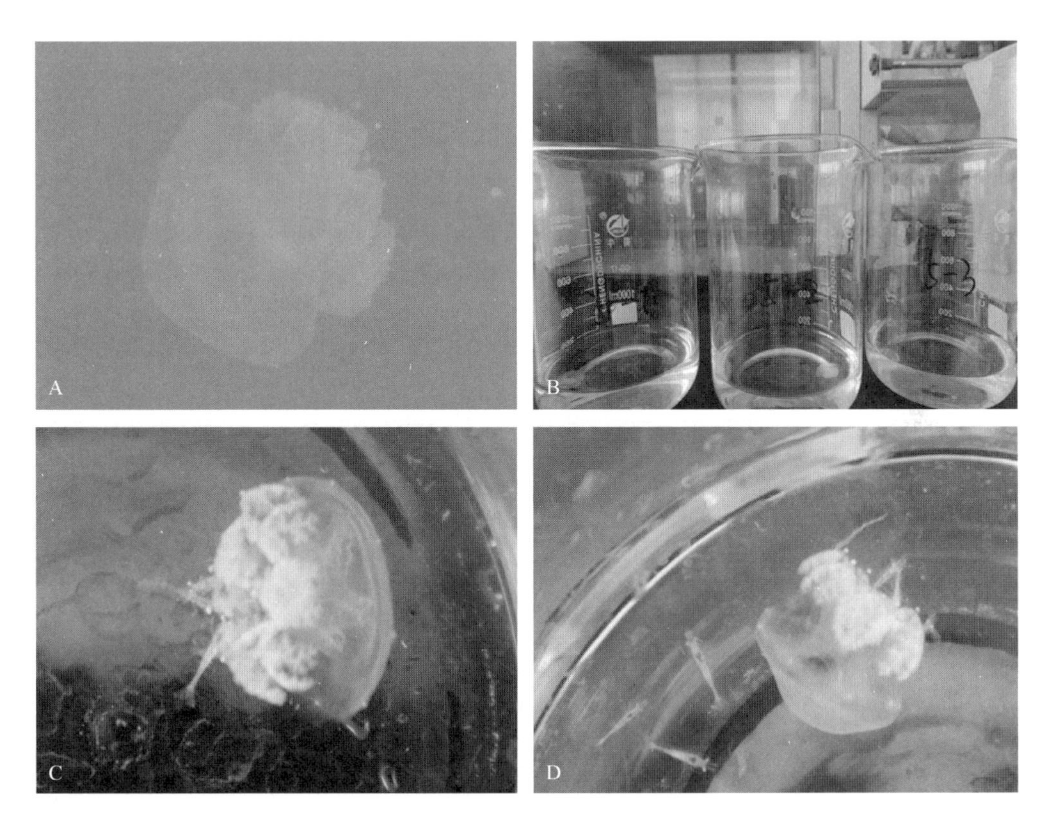

图5-7　珍珠水母对日本对虾幼体毒性作用

A. 养殖池中的珍珠水母；B. 珍珠水母对日本对虾幼苗毒性作用实验；C. 珍珠水母附属器吸附日本对虾幼苗；D. 珍珠水母口腕吸附日本对虾幼苗

在野外调查期间发现，有一养殖池塘的珍珠水母丰度较高，个体差异也较大，从碟状幼体到伞径20厘米的水母体均有发现。根据养殖户的介绍，珍珠水母的出现时间较长，从出现到我们调查发现已有将近3个月的时间。在该养殖池对虾收获时，围网中混有的珍珠水母引起商品虾批量死亡，导致收获商品虾的品质和价格大大降低，造成养殖事故。

第六章　黄渤海滨海暴发水母的共生微生物群落结构

第一节　水母共生微生物群落研究的背景及意义

海洋动物的体内外广泛共生着微生物（Grossart et al.，2010）。微生物共生取决于养分的可用性、宿主的免疫反应以及来自周围环境的微生物之间对附着空间的竞争（Wilson et al.，2011）。因此，生物共生微生物群落已经开发出特殊的机制，以便在竞争性表面选择和养分获取过程中干扰其他有害微生物的定殖（Vezzulli et al.，2012），它们通过与环境的多种交换过程在海洋生态中始终发挥着重要作用，如呼吸作用，废物和次生代谢物的渗出，高能辐射或信息信号的吸收，养分和气体的吸收等（Wahl et al.，2010）。此外，生物共生的微生物群落还是化合物和/或次生代谢产物的重要产生者，可能作为帮助宿主对抗天敌、污损生物附着和/或疾病的防御机制（Blockley et al.，2017）。

水母具有丰富的共生微生物群落，其中α和γ变形菌、拟杆菌门、柔膜菌门和蓝藻门是水母共生微生物组中最常检测到的成员（Tinta et al.，2019）。在特定时期，水母种群数量激增，这时，它们这种贪食的捕食者可能会掠食各种浮游生物（Colin et al.，2010；Granhag et al.，2011），并在食物网上造成连锁效应（Dinasquet et al.，2012）。同时，水母通过组织、黏液分泌，排泄和粗放进食直接释放养分来刺激浮游植物的生长（Pitt et al.，2009）。营养物质和生物可利用碳的释放可能会刺激活水母周围浮游细菌的生长（Condon et al.，2011）。在腐烂的水母附近已观察到某些细菌的高增长（Titelman et al.，2006；Tinta et al.，2010），如弧菌属和假交替单胞菌属（Tinta et al.，2012）。因此，需要研究与水母共生的微生物群落，以便了解水母与海洋微生物群落之间的相互作用及其对生物地球化学循环和海洋生态系统的影响。

水母共生的微生物群落被证明在水母的生命周期中起着重要作用。利用在附着的水螅体环境中发现的细菌，成功地诱导了某些钵水母的浮浪幼虫和繁殖体进入变态。比如，安朵仙水母（*Cassiopea andromeda*）的幼虫对溶藻弧菌（*Vibrio alginolyticus*）存在响应（Neumann，1979；Hofmann et al.，1996），而海月水母（*A. aurita*）的繁殖体响应于一种微球菌科（Micrococcaceae）细菌（Schmahl，1985）。此外，Lee等（2018）在*Chrysaora plocamia*和海月水母（*A. aurita*）中鉴定出一组代谢和生理上多样化的微生物，这些微生物能够介导碳、氮、硫和磷的相关循环途径。几种与水母共生的细菌还与特殊物质的处理有关，例如，海洋中发现的多环芳烃（PAH）、塑料和异种生物，这可能对宿主有益。Almeda等（2013）提出在海月水母（*A. aurita*）中存在降解PAH的细菌；Kramar等（2019）在海月水母（*A. aurita*）的胃腔中检测到了PAH和塑料降解的细菌：伯克氏菌属，无色杆菌属和考克氏菌属。

最近，多项研究表明，钵水母可能是病原细菌的关键载体，可能对养殖生物和人类福祉造成危害（Ferguson et al.，2010；Schuett et al.，2010；Delannoy et al.，2011；Basso et al.，2019；Clinton et al.，2020）。养殖大西洋鲑鱼的病原菌*Tenacibaculum maritimum*在似杯水母科*Phialella quadrata*和夜光游水母（*P. noctiluca*）的附着微生物群落中被分离出来（Ferguson et al.，2010；Delannoy et al.，2011）。因此，鉴定与钵水母共生的细菌，以了解钵水母在细菌性疾病引发中的可能的作用是至关重要的。到目前为止，已经发现了许多商业水产养殖的潜在病原体，包括蓝水母（*Cyanea lamarckii*）中的*Moritella viscosa*（Schuett et al.，2010），肺状根口水母（*Rhizostoma pulmo*）中的金黄杆菌属、黄杆菌属、*Tenacibaculum*属、柯克斯体属和弧菌属（Basso et al.，2019），以及发形霞水母（*Cyanea capillata*）中的灭鲑气单胞菌（*Aeromonas salmonicida*）、*A. molluscorum*、荧光假单胞杆菌（*Pseudomonas fluorescens*）、*P. fulva*和灿烂弧菌（*Vibrio splendidus*）（Clinton et al.，2020）。

细菌与水母的联系是高度动态和复杂的，具体表现为水母微生物组与环境水中自由生活的微生物群落之间的区别，以及水母共生微生物组的种群特异性、物种特异性、生命阶段特异性和身体部位特异性（Schuett et al.，2010；Tinta et al.，2012；Cortés-Lara et al.，2015；Weiland-Bräuer et al.，2015；Viver et al.，2017；Lee et al.，2018；Basso et al.，2019；Hao et al.，2019；Kramar et al.，2019；Tinta et al.，2019）。到目前为止，还没有关于我国海域的水母种类微生物组的相关研究。

第二节　黄渤海4种暴发钵水母的共生微生物群落

作者团队关注了中国黄渤海海域中暴发频率最高的4种钵水母的共生细菌群落，分别是海月水母（*A. coerulea*）、白色霞水母、沙海蜇和海蜇（Dong et al.，2010）。海月水母（*A. coerulea*）的生物量在中国暴发海区可以达到45.45吨/千米^2（王朋鹏等，2020）。白色霞水母在暴发期能达到4 000～6 000个/千米^{2}的生物量（Zhang et al.，2012）。在中国某些水域，暴发期间的沙海蜇可能达到15～75吨/千米^{2}的高丰度（王朋鹏等，2020）。海蜇作为经济食用型水母，被人工增殖放流在中国海域形成了较大的种群规模，1998年，海蜇的收获量达到了最高产量43万吨（Dong et al.，2014）。我们的研究目的是基于16S r RNA基因Illumina测序，表征与中国黄渤海中4种正在暴发的钵水母共生的细菌群落的特异性和共性。最后，探讨了与钵水母共生的细菌群落的生态功能和潜在病原细菌，以提供对黄渤海水产养殖、黄渤海生态系统和人类健康的潜在后果的见解。

一、材料和方法

1. 样品采集与处理

钵水母成体样品分别从中国山东黄海的青岛胶州湾（120.298 E，36.066 N；QD）和荣成石岛湾（122.414 E，36.918 N；RC）收集。所有样品均采集于2018年8月的暴发期，其中海月水母（Au）和白色霞水母（Cy）采集于青岛，沙海蜇（Ne）和海蜇（Rh）采集于荣成。将水母样品暂时放置在20升充气水箱中，并放入环境海水，在4小时内将其运送到实验室。分别用高压灭菌的0.22微米滤膜过滤的海水将每个物种的5个完整且排空肠道的个体样品分别洗涤3次，以除去周围海水中的松散附着的微生物。冲洗后，将每个水母个体用无菌解剖刀解剖下不同的身体部位，包括伞部（U）、口腕部（O）、胃部（S）和生殖腺（G）。其中海月水母收集伞部（U）、口腕部（O）和胃部（S）；而其他3种钵水母（白色霞水母，沙海蜇和海蜇）采集伞部（U）、口腕部（O）和生殖腺（G）。随后，用无菌海水对样品进行最终冲洗，并用液氮快速冷冻，在−80℃下保存。将同时收集的海水样品（一个样品过滤500毫升海水）过滤到0.22微米的聚醚砜无菌膜滤器（Millipore Corporation，贝德福德，马萨诸塞州）上，重复进行3次，以开展海水中自由生活的细菌群落的分析，并与水母共生细菌群落作比较。共准备了60个钵水母样品（4种水母×3个身体部位×5只个体）和6个海水样本（2个采样地点×3个重复样本）用于DNA提取。

2. DNA提取和16S r RNA基因扩增子测序

水母样品的DNA提取方法根据Hao（2014）的方法稍作修改，即每个样品取100毫克使用CTAB（十六烷基三甲基溴化铵）进行均质化，以进行细菌DNA提取。根据制造商的说明，使用PowerWater DNA分离试剂盒（MOBIO，美国），将每个海水样品的整张滤膜用于提取海水样品的总DNA。根据浓度，使用无菌水将DNA稀释至1纳克/微升。使用特异性引物515F（5’-GTG CCA GCM GCC GCG GTA A-3’）和

907R（5’-CCG TCA ATT CCT TTG AGT TT-3’）扩增16S r RNA基因的V4和V5可变区。在5’末端包含独特的6nt条形码。所有PCR反应均使用Phusion高保真PCR预混液（New England Biolabs）进行，均含0.2微摩尔/升引物和10纳克模板DNA。热循环包括在98℃下初始变性1分钟，随后进行30次如下循环，在98℃下变性10秒，在50℃下退火30秒，在72℃下延伸30秒，最后在72℃下保持5分钟。所有PCR反应重复进行3次，该过程的所有步骤均包含无模板对照。通过在2%（w/v）琼脂糖凝胶中电泳检测PCR产物，将具有明亮条带的每个样品的PCR扩增子等比混合并用GeneJETTM凝胶提取试剂盒（Thermo Scientific）纯化。使用Ion Plus Fragment Library Kit 48 rxns（Thermo Scientific）生成扩增子文库，并在中国北京诺禾致源生物信息科技有限公司的Ion TM S5 XL平台上进行测序。

3. 16S r RNA扩增子的序列分析

根据独特的条形码将单端读数分配给样品，并通过切除条形码和引物序列将其截短。根据Cutadapt（v1.9.1）质量控制程序（Martin，2011），在特定的过滤条件下对原始读数进行质量过滤，以获得高质量的读数。使用UCHIME算法（Edgar et al.，2011）将所有原始读数与参考数据库（Silva数据库）（Quast et al.，2013）进行比较，以检测嵌合体序列，并去除嵌合体序列（Haas et al.，2011）。将相似性 ≥ 97%的序列分配给相同的操作分类单位（OTU），并通过Uparse软件（v7.0.1001）筛选每个OTU的代表性序列，以作进一步注释（Edgar，2013）。每个代表性序列使用基于Mothur算法的Silva数据库进行物种注释，尽可能注释到最低分类水平。基于序列最少的样品的序列数对所有样品的OTU的丰度信息进行归一化。

4. 数据分析

将每种钵水母的每个身体部位的多个重复样本以及海水样本的原始OTU数据取平均值合并在一起。将每种钵水母的3个身体部位的合并OTUs数据再取平均值合并，以获得单只钵水母成体个体的群落OTUs数据。根据每个样品的37 847个读数（标准化序列深度差异所需的最小序列数），使用QIIME计算6个Alpha多样性指数（OTU观测值，Chao1指数，ACE指数，Shannon指数，Simpson指数和测序覆盖率），其中利用R软件（V3.6.2）绘制Shannon指数的箱线图。基于IBM SPSS Statistics Software（V22）的Wilcoxon检验，在$P < 0.05$的情况下，推断出4种钵水母的共生细菌群落之间、钵水母共生细菌群落和周围海水细菌群之间，以及每种钵水母的3个身体部位的共生细菌群之间的Shannon指数的统计学差异。基于OTU信息的未加权Unifrac距离进行主坐标分析（PCoA）来研究样品群落的Beta多样性，并通过R软件（V3.6.2）

的ggplot 2和vegan软件包进行可视化。利用Primer软件（Version 6，PRIMER-E Ltd，Lutton，UK）构建PERMANOVA，分析检验4种钵水母的共生细菌群落之间、钵水母共生细菌群落和周围海水细菌群之间，以及每种钵水母的3个身体部位的共生细菌群之间的Beta多样性的统计学差异。基于Origin软件（Version Pro 2018）绘制了堆积条形图，展示了钵水母组和海水组的细菌群落在不同分类水平上的优势细菌的相对丰度。根据OTU的相对丰度信息，筛选并总结了本研究中4种黄渤海钵水母的所有身体部位均共生的核心细菌群落，并在气泡图中呈现。利用原核生物分类功能注释（FAPROTAX）来预测4种水母和周围海水的细菌群落的主要生态功能。将与相应功能有关的OTUs的累积绝对丰度进行平方根变换，并通过R软件（V3.6.2）在热图中可视化。随后通过Mann-Whitney U检验确定钵水母和海水之间显著差异的功能组，同时通过Kruskal-Wallis检验以验证这4个水母物种的微生物组之间的功能差异，两者均在IBM SPSS Statistics软件（V22）上开展。

二、黄渤海4种暴发钵水母的共生微生物群落研究结果及分析

通过Ion TM S5 XL测序分析了黄渤海的4种钵水母和周围海水的细菌群落，该测序产生了4 351 887个过滤的高质量序列，每个样品的平均序列为69 078个。共有1 888个OTU由97%的序列相似性定义，分为2个界（细菌和古细菌），41个门，53个纲，115个目，228个科和547个属。本研究中所有样品的测序覆盖率均 ≥ 99.7%，且Shannon曲线后半段趋于稳定，表明本研究中细菌群落的良好覆盖（表6-1和图6-1）。 在以下分析中，仅考虑了在至少一个组中相对丰度高于1%的细菌。

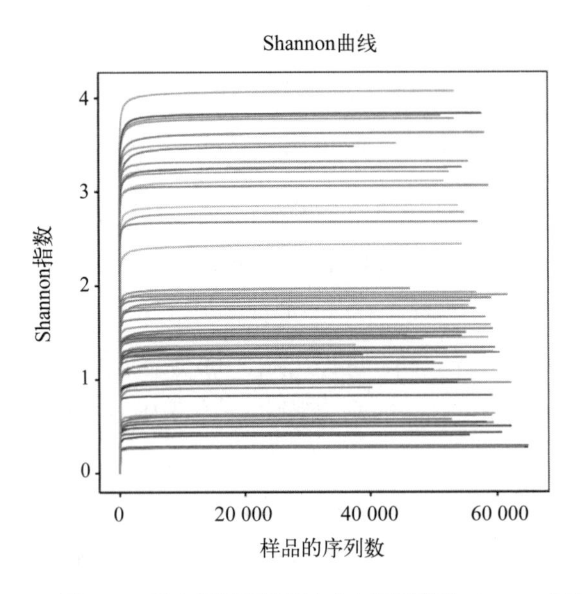

图6-1　4种水母及环境海水中细菌群落的Shannon曲线

1. 细菌群落组成

堆积条形图（图6-2）中展示了门、纲、目和属4个分类水平下各组的优势细菌的相对丰度情况。在门和纲水平上，海月水母以变形菌门（82.27%）占主导，该门主要由γ变形菌纲（80.57%）组成，其次是厚壁菌门（以相对丰度6.63%的芽孢杆菌纲为主）（图6-2A，B）。白色霞水母中以变形菌门（45.75%）和柔膜菌门（28.50%）占优势地位，其中又以γ变形菌纲（19.04%）和α变形菌纲（26.67%）为代表。青岛海水环境的微生物群落中以产氧光细菌（34.67%）、放线菌门（33.79%）、拟杆菌门（21.94%）和变形菌门（7.78%）占主导。沙海蜇和海蜇中柔膜菌门均占据较高的比例，分别为47.10%和25.14%；两者中的变形菌门的丰度也较高，分别占22.35%和30.37%。荣成海水细菌群落中的优势群是变形菌门（57.46%）和拟杆菌门（39.78%）。

表6-1　4种水母及环境海水中的细菌群落的Alpha多样性指数

样品	OTU观测值	Chao1指数	ACE指数	Shannon指数	Simpson指数	测序覆盖率
AuU	127.000±32.220	170.037±24.413	178.382±23.535	2.107±0.986	0.541±0.252	0.999
AuO	105.000±3.500	149.463±1.287	154.097±7.000	1.917±0.188	0.605±0.035	0.999
AuS	105.000±33.347	138.328±30.015	156.687±33.849	1.450±0.722	0.440±0.247	0.999
CyU	185.000±42.889	218.322±36.781	219.392±41.091	3.137±0.278	0.753±0.080	0.999
CyG	171.000±84.925	221.710±84.568	236.888±91.639	2.104±0.990	0.537±0.144	0.999
CyO	236.000±28.376	269.718±48.697	274.980±50.602	3.649±0.825	0.792±0.223	0.999
QD	327.000±15.585	364.318±19.828	383.719±17.022	4.940±0.204	0.932±0.012	0.998
NeU	266.000±94.239	288.965±87.141	295.757±82.449	3.976±1.832	0.730±0.260	0.999
NeG	195.000±49.978	235.054±61.086	239.129±63.628	2.902±0.546	0.698±0.107	0.999
NeO	227.000±69.382	265.974±72.484	257.232±68.581	3.019±0.814	0.678±0.156	0.999
RhU	288.000±107.103	326.993±112.745	323.672±103.188	4.070±1.546	0.785±0.200	0.999
RhG	211.000±79.966	262.686±90.012	275.037±91.344	2.477±0.246	0.638±0.103	0.999
RhO	335.000±145.105	357.526±142.763	367.183±133.969	3.847±2.174	0.679±0.317	0.999
RC	405.000±33.357	436.496±34.275	454.580±29.479	5.542±0.534	0.937±0.025	0.998

注：Au—采集自青岛胶州湾的海月水母，Cy—采集自青岛胶州湾的白色霞水母，Ne—采集自荣成石岛湾的沙海蜇，Rh—采集自荣成石岛湾的海蜇；QD—青岛胶州湾海水样品，RC—荣成石岛湾海水样品；U—伞部，O—口腕部，S—胃部，G—生殖腺。

在目和属的水平上，海月水母的优势类群是弧菌目（73.90%）的弧菌属、芽孢杆菌目（6.48%）的芽孢杆菌属和交替单胞菌目（5.31%）的交替单胞菌属。白色霞水母中的主导类群是根瘤菌目（13.92%）的叶杆菌属、鞘氨醇单胞菌目（12.16%）的鞘氨醇单胞菌属、梭菌目（5.46%）的*Paraclostridium*属、支原体目（5.08%）的支原体属以及罗尔斯顿菌属（13.28%）。而青岛海水中主要包含聚球藻菌目（34.22%）、黄杆菌目（16.53%）、微球菌目（15.79%）、几丁质噬菌体目（4.51%）、Actinomarinales目（4.22%）和红细菌目（3.56%）。沙海蜇和海蜇的共生细菌群落的组成相似度较高，均以支原体目（分别占46.04%和24.54%）的支原体属为主导类群。此外，沙海蜇和海蜇中还检测出相对较多的根瘤菌目、鞘氨醇单胞菌目（主要是鞘氨醇单胞菌）、黄杆菌目（主要是*Tenacibaculum*属）、弧菌目（主要是弧菌属）、叶杆菌属和罗尔斯顿菌属。荣成海水中细菌群落的组成以高丰度的红细菌目（40.33%）、黄杆菌目（36.17%）、交替单胞菌目（6.25%）、海洋螺菌目（2.66%）和几丁质噬菌体目（2.56%）为特征。结果表明，钵水母共生细菌群落的组成和丰度与周围海水中细菌群落的组成和丰度显著不同，且4种水母的共生细菌群落的组成和丰度彼此之间均存在显著差异（Kruskal-Wallis检验，$P < 0.05$）。

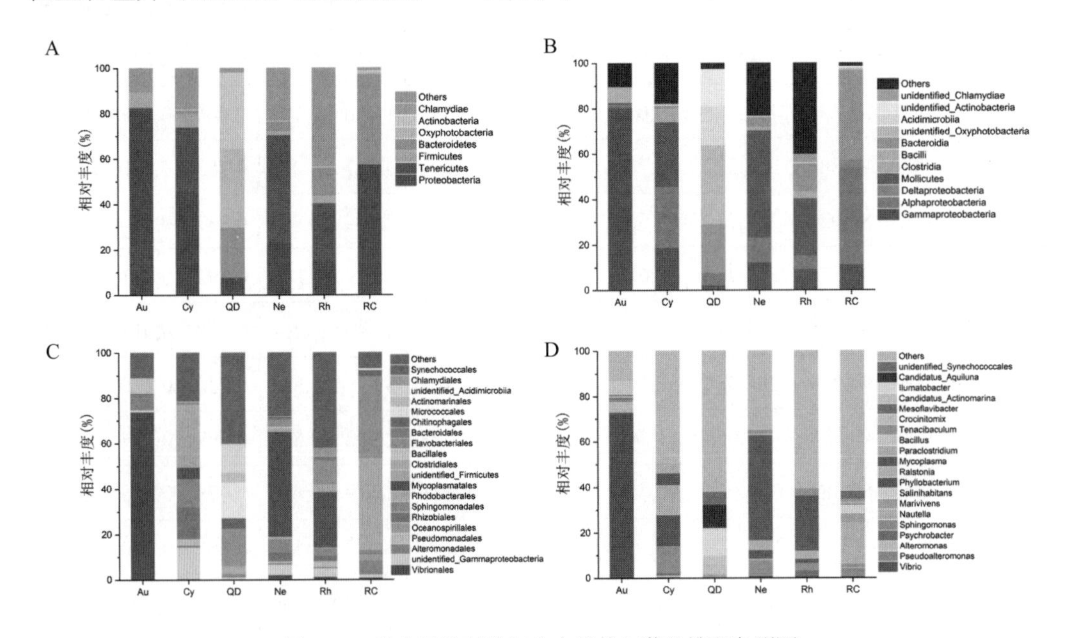

图6-2　4种水母及环境海水中优势细菌的堆积条形图

A. 门水平；B. 纲水平；C. 目水平；D. 属水平

注：Au—采集自青岛胶州湾的海月水母，Cy—采集自青岛胶州湾的白色霞水母，Ne—采集自荣成石岛湾的沙海蜇，Rh—采集自荣成石岛湾的海蜇；QD—青岛胶州湾海水样品，RC—荣成石岛湾海水样品；A和B图分别展示了至少在一个组中相对丰度>1%的细菌门和纲，而其他低丰度细菌全部归入“others”；C和D图分别展示了至少在一个组中相对丰度>1%且丰度最高的20个细菌目和属，其他低丰度细菌全部归入“others”。

2. 细菌群落多样性

基于16S r RNA基因测序，4种钵水母的α多样性（Shannon指数）低于周围海水：海月水母为1.5，白色霞水母为2.4，沙海蜇为2.4，海蜇为3.0；而青岛海水为5.3，荣成海水为5.8。统计学分析表明钵水母和海水细菌群落的Shannon指数之间存在显著差异，并且青岛海域的海月水母和白色霞水母的共生细菌群落的Shannon指数之间也存在显著差异（Wilcoxon检验，$P < 0.05$）（图6-3）；而荣成海域的两种钵水母沙海蜇和海蜇的共生细菌群落的Shannon指数之间无显著差异（Wilcoxon检验，$P > 0.05$）（图6-3）。

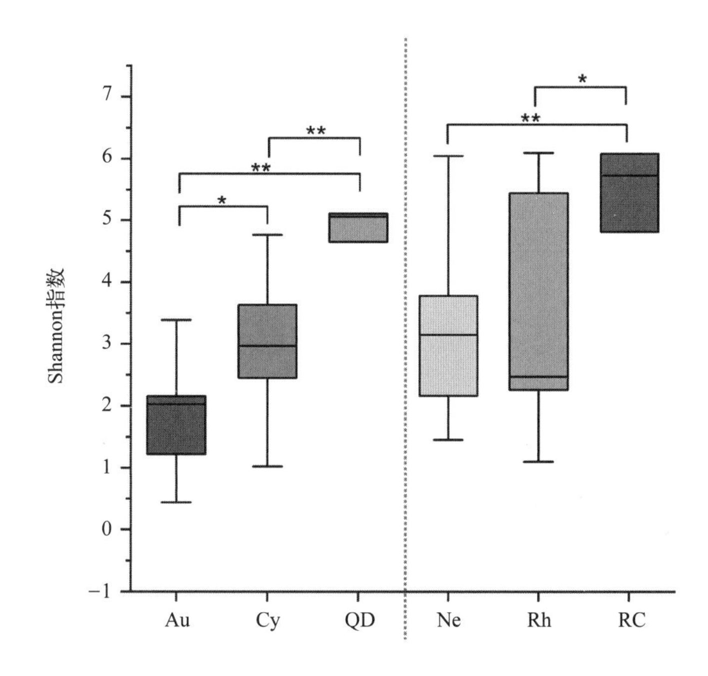

图6-3　基于4种水母及环境海水中细菌群落的Shannon指数的箱线图

注：Au—采集自青岛胶州湾的海月水母，Cy—采集自青岛胶州湾的白色霞水母，Ne—采集自荣成石岛湾的沙海蜇，Rh—采集自荣成石岛湾的海蜇；QD—青岛胶州湾海水样品，RC—荣成石岛湾海水样品；显著性检验方法为Wilcoxon检验，*表示$P < 0.05$，**表示$P < 0.01$。

根据PCoA分析和PERMANOVA检验发现，4种钵水母的共生细菌群落和海水的细菌群落明显分离（$P < 0.01$）（图6-4；表6-2和表6-3）。不同海域的钵水母的细菌群落距离较大，而来自同一采样海域的两种水母群落结构相近。显著性分析表明4种钵水母的共生细菌群落结构彼此之间均具有极显著差异（PERMANOVA，$P < 0.01$）（图6-4；表6-2和表6-3）。

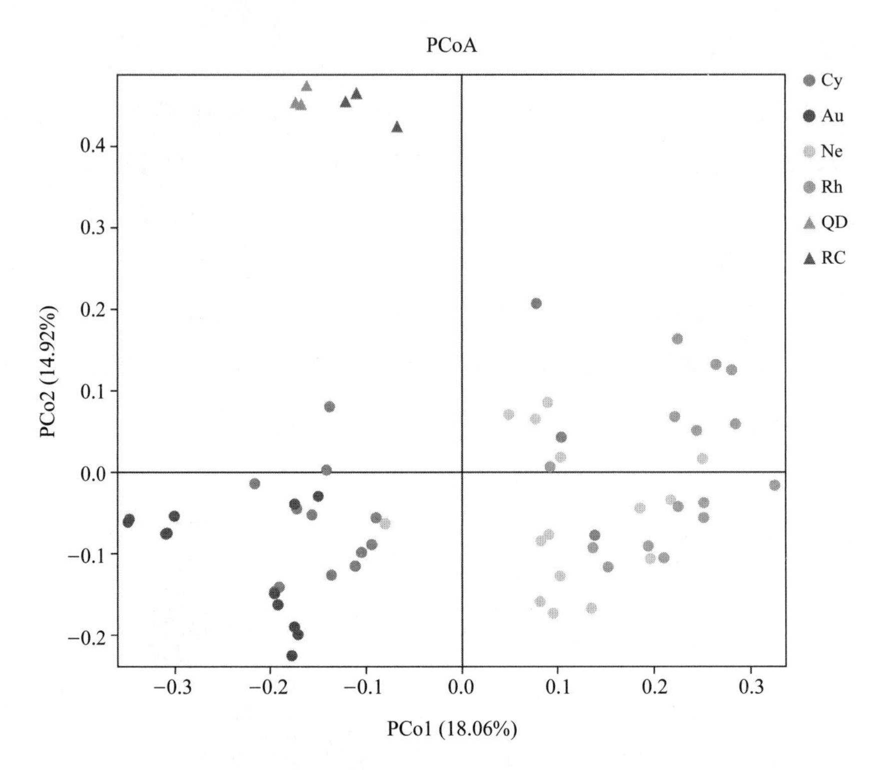

图6-4　4种水母及环境海水中细菌群落的基于未加权Unifrac距离的PCoA图

注：Au—采集自青岛胶州湾的海月水母，Cy—采集自青岛胶州湾的白色霞水母，Ne—采集自荣成石岛湾的沙海蜇，Rh—采集自荣成石岛湾的海蜇；QD—青岛胶州湾海水样品，RC—荣成石岛湾海水样品。

表6-2　4种水母及环境海水中细菌群落的PERMANOVA分析

分组	Au vs. Cy vs. Ne vs. Rh vs. QD vs. RC
样品量	60
pseudo-F	4.94
P值	0.001

表6-3　4种水母及环境海水中细菌群落的PERMANOVA分析成对比较

分组	样品量	pseudo-F	*P*值	*q*值
Au vs. Cy	25	4.91	0.001	0.003
Au vs. Ne	27	5.75	0.001	0.003
Au vs. Rh	26	9.44	0.001	0.003
Au vs. QD	15	8.53	0.003	0.004
Cy vs. Ne	28	1.79	0.003	0.004
Cy vs. Rh	27	3.99	0.001	0.003

续表

分组	样品量	pseudo-F	*P*值	*q*值
Cy vs. QD	16	4.96	0.002	0.004
Ne vs. Rh	29	2.05	0.005	0.005
Ne vs. RC	18	4.49	0.001	0.003
Rh vs. RC	17	5.43	0.003	0.004
QD vs. RC	6	5.23	0.115	0.115

注：Au—采集自青岛胶州湾的海月水母，Cy—采集自青岛胶州湾的白色霞水母，Ne—采集自荣成石岛湾的沙海蜇，Rh—采集自荣成石岛湾的海蜇；QD—青岛胶州湾海水样品，RC—荣成石岛湾海水样品。

综合上文细菌群落组成和多样性的分析结果，作者团队展开了深入探讨。钵水母共生细菌群落的组成和丰度与周围海水中细菌群落的显著不同，且表现出较低的多样性，这与多项已发表的研究结果一致（Weiland-Bräuer et al.，2015；Daley et al.，2016；Kramar et al.，2019；Daniel et al.，2020）。一种被广泛接受的推测是：水母或其共生的微生物群可以产生抗菌化合物，从而防止某些耐受性较差的微生物附着，如*Cassiopeia spp.*提取物的抗菌物质（Bhosale et al.，2002）、在海月水母中发现的抗菌肽Aurelin（Ovchinnikova et al.，2006）以及沙海蜇共生的宛氏拟青霉的聚酮化合物（Liu et al.，2011）。

此外，4种水母共生的细菌群落的组成和丰度彼此之间均存在显著差异。以往的钵水母共生微生物组的研究多只关注单一一种钵水母种类，如Cortés-Lara等（2015）、Weiland-Bräuer等（2015）、Viver等（2017）、Lee等（2018）、Basso等（2019）、Kramar等（2019）以及Stabili等（2020），而几乎没有研究考虑到不同钵水母种类的物种特异性，本研究则比较和鉴定了4种钵水母共生的细菌群落组成和结构，并发现不同种类存在显著差异，这表明钵水母共生的细菌群落是具有钵水母种类特异性的，正如Cleary等（2016）、Hao等（2019）以及Daniel和Anna（2020）提出的观点。本研究中海月水母（*A. coerulea*）的细菌群落由弧菌占主导，与海月水母（*A. aurita*）的细菌群落组成相似（Weiland-Bräuer et al.，2015；Kramar et al.，2019；Jaspers et al.，2020）。沙海蜇和海蜇同属于根口水母科，其细菌群落组成相似度较高，均以支原体为优势细菌，且相似的结果也出现在根口水母科的肺状根口水母的研究中（Basso et al.，2019；Stabili et al.，2020）。白色霞水母具有3个优势属，其所占的丰度比例相近，分别是鞘氨醇单胞菌、叶杆菌属和罗尔斯顿菌属，但由于已发表的霞水母科的共生微生物研究均没有构建细菌群落组成分析（Schuett et al.，2010；Hao et al.，2019；Clinton et al.，2020），因此尚无法进行霞水母科的共生优势细菌比对。

3. 4种暴发水母的核心细菌群落

为了进一步探讨细菌多样性，作者团队分析了每种钵水母的3个身体部位的细菌群落的α和β多样性，分别以Shannon指数和PCoA分析为代表。Shannon指数的统计结果表明，每种钵水母的3个身体部位的细菌群落差异很小（Wilcoxon检验，$P > 0.05$）（图6-5）。PCoA分析中也出现了类似的结果（图6-6和表6-4），每种钵水母的3个身体部位的细菌群落均无显著差异（PERMANOVA，$P > 0.05$）。

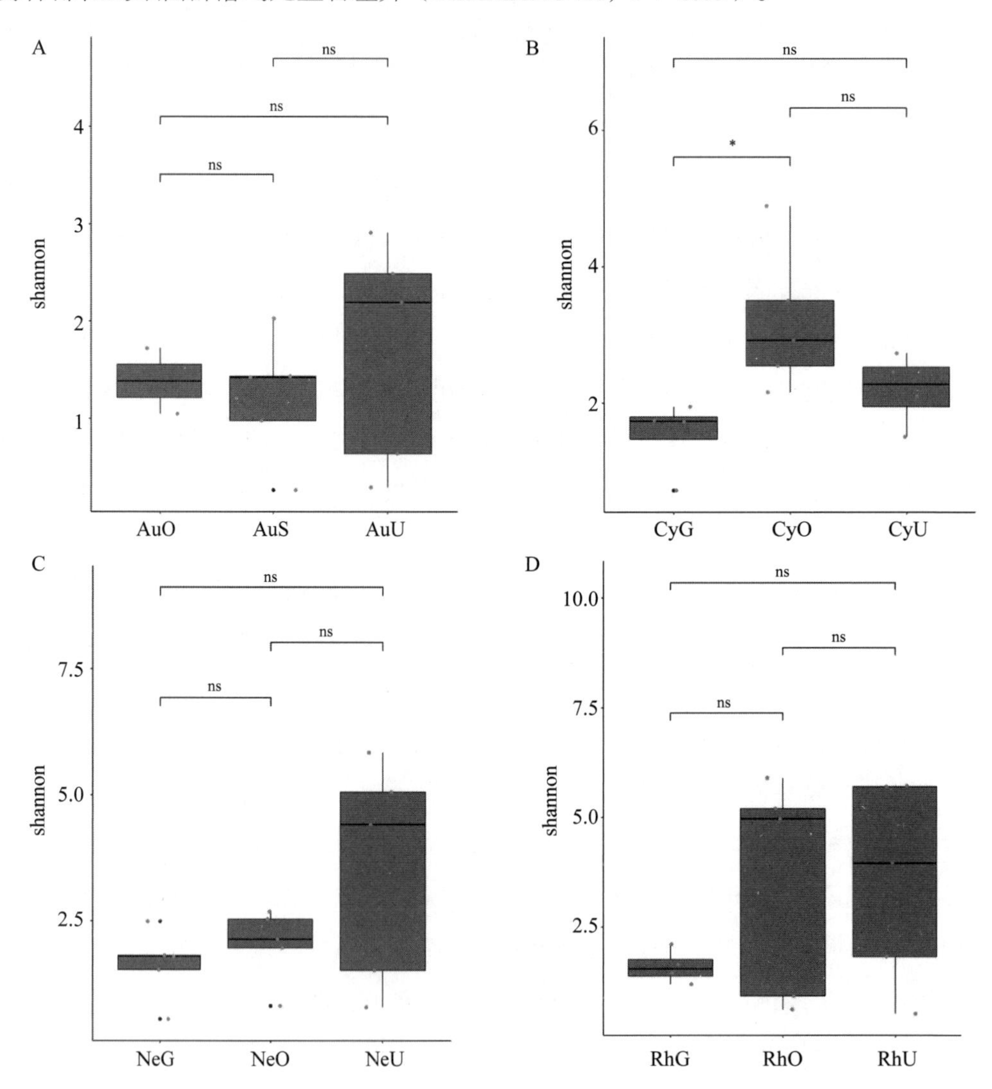

图6-5　基于4种水母不同身体部位的共生细菌群落的Shannon指数的箱线图

A. 海月水母；B. 白色霞水母；C. 沙海蜇；D. 海蜇

注：Au—采集自青岛胶州湾的海月水母，Cy—采集自青岛胶州湾的白色霞水母，Ne—采集自荣成石岛湾的沙海蜇，Rh—采集自荣成石岛湾的海蜇；U—伞部，O—口腕部，S—胃部，G—生殖腺；显著性检验方法为Wilcoxon检验，*表示$P < 0.05$，ns表示无显著差异。

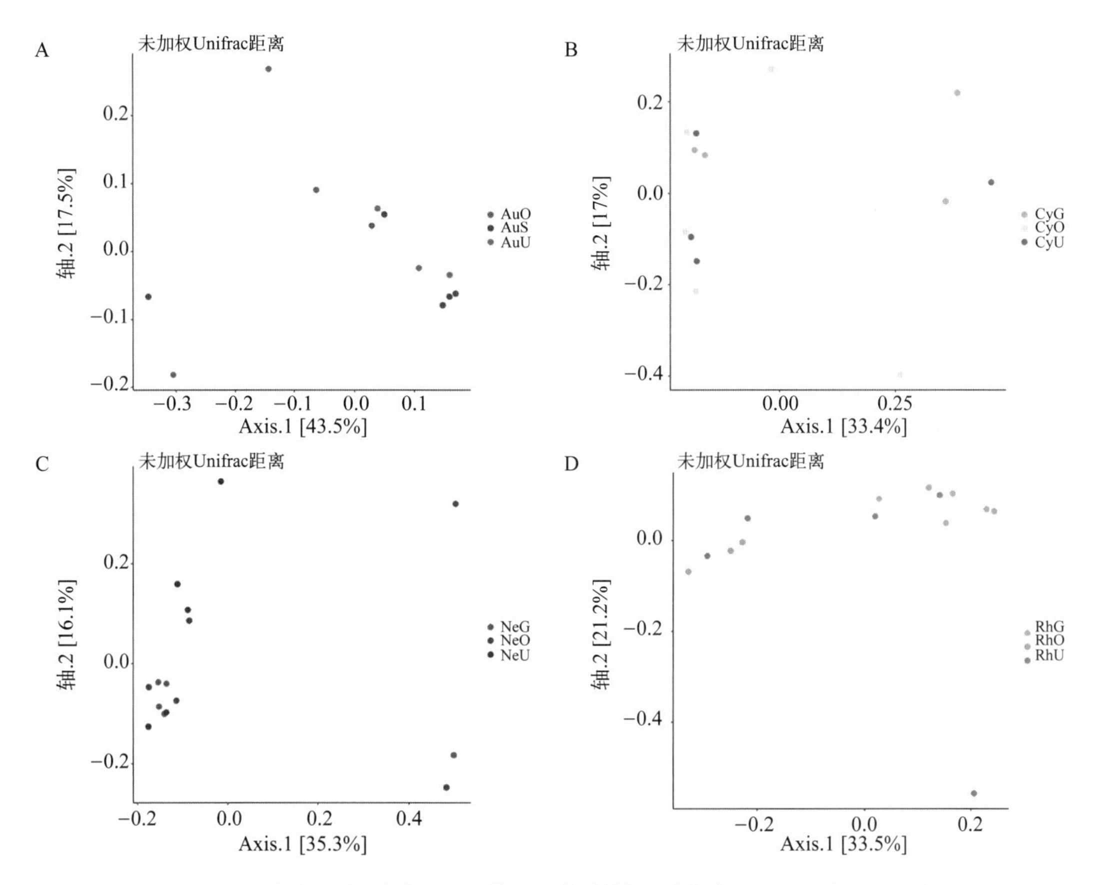

图6-6　四种水母不同身体部位的共生细菌群落基于未加权Unifrac距离的PCoA图

A. 海月水母；B. 白色霞水母；C. 沙海蜇；D. 海蜇

注：Au—采集自青岛胶州湾的海月水母，Cy—采集自青岛胶州湾的白色霞水母，Ne—采集自荣成石岛湾的沙海蜇，Rh—采集自荣成石岛湾的海蜇；U—伞部，O—口腕部，S—胃部，G—生殖腺。

表6-4　4种水母不同身体部位的共生细菌群落的PERMANOVA分析成对比较

分组	样品量	pseudo-F	*P*值	*q*值
海月水母				
AuO vs. AuS	7	0.879	0.563	0.808
AuO vs. AuU	7	0.788	0.808	0.808
AuS vs. AuU	10	0.990	0.410	0.808
白色霞水母				
CyG vs. CyO	9	1.258	0.169	0.267
CyG vs. CyU	8	1.289	0.178	0.267
CyO vs. CyU	9	0.650	0.992	0.992

续表

分组	样品量	pseudo-F	*P*值	*q*值
沙海蜇				
NeG vs. NeO	10	0.780	0.751	0.751
NeG vs. NeU	10	0.993	0.482	0.723
NeO vs. NeU	10	1.094	0.420	0.723
海蜇				
RhG vs. RhO	9	1.343	0.168	0.2835
RhG vs. RhU	9	1.162	0.189	0.2835
RhO vs. RhU	10	0.674	0.952	0.952

注：Au—采集自青岛胶州湾的海月水母，Cy—采集自青岛胶州湾的白色霞水母，Ne—采集自荣成石岛湾的沙海蜇，Rh—采集自荣成石岛湾的海蜇；U—伞部，O—口腕部，S—胃部，G—生殖腺。

本研究检测到了57个OTUs存在于4种钵水母的所有被研究的身体部位中，其可以代表4种钵水母的核心微生物群（图6-7），主要包括支原体属、弧菌属、罗尔斯顿菌属、*Tenacibaculum*属、鞘氨醇单胞菌和叶杆菌属（图6-7）。这些优势核心细菌属占据一种钵水母的一个身体部位的群落相对丰度的80.99%以上，白色霞水母的生殖腺（40.69%）和口腕（65.67%）除外。这可能是因为白色霞水母的生殖腺和口腕部还具有高丰度的未分类*Entomoplasmatales*（OTU5）。将已发表的钵水母文献和本研究核心细菌群落结果对比分析发现一些共性结果。有研究提出支原体是海月水母（*A. aurita*）（Weiland-Bräuer et al.，2015；Daley et al.，2016；Jaspers et al.，2020）和肺状根口水母（Basso et al.，2019；Stabili et al.，2020）的优势细菌类群落，与本研究结果一致。弧菌是海月水母（*A. aurita*）（Weiland-Bräuer et al.，2015；Kramar et al.，2019；Jaspers et al.，2020）、海月水母（*A. coerulea*）（Chen et al.，2020）、肺状根口水母（Basso et al.，2019；Stabili et al.，2020）、煎蛋水母（Cortés-Lara et al.，2015）、蓝水母（Schuett et al.，2010）和发形霞水母（Schuett et al.，2010；Clinton et al.，2020）中的优势细菌，与本研究海月水母、沙海蜇和海蜇的细菌群落组成结果相似。*Tenacibaculum*属是沙海蜇和海蜇的共生细菌群落的优势类群，其也被认为是海月水母（*A. aurita*）（Jaspers et al.，2020）、煎蛋水母（Cortés-Lara et al.，2015；Viver et al.，2017）和夜光游水母（Delannoy et al.，2011）的共生微生物的关键成员。这些共有的属可能在后生动物的细菌群落中占据重要的地位。

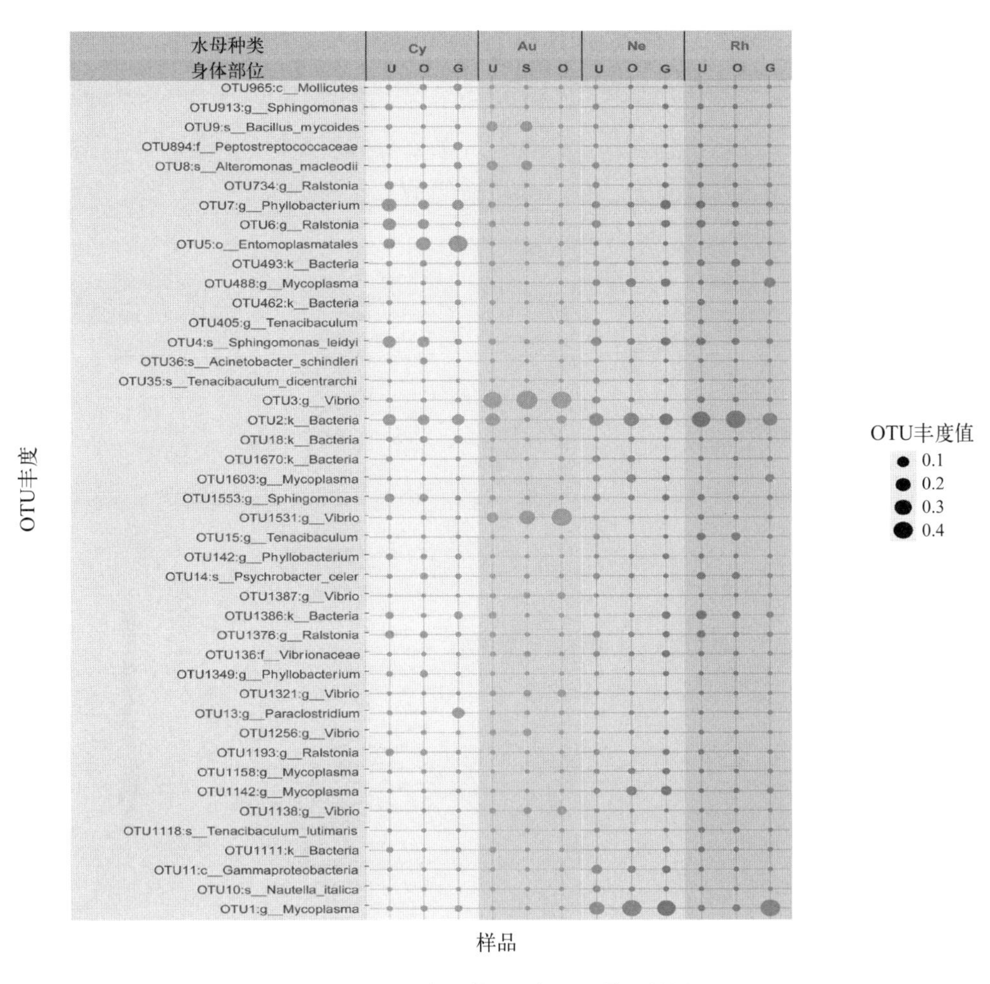

图6-7 4种水母共生的核心细菌成员图

注：只考虑在至少一种水母的至少一个身体部位相对丰度>1%的OTUs；气泡大小表示相对丰度的大小；Au—采集自青岛胶州湾的海月水母，Cy—采集自青岛胶州湾的白色霞水母，Ne—采集自荣成石岛湾的沙海蜇，Rh—采集自荣成石岛湾的海蜇；U—伞部，O—口腕部，S—胃部，G—生殖腺。

4. 基于FAPROTAX的16S基因功能预测

FAPROTAX功能预测共预测出91个功能组，包含了8 279个OTUs，其中功能特异性的OTUs为5 011个，某些细菌参与多种功能。本研究的热图中展现了累积丰度前40的功能组情况，其中有11个功能组在钵水母共生细菌群落和海水细菌群落之间表现出显著差异；8个功能组在钵水母中显著较高，只有3个功能组在海水中显著更高，分别是木聚糖分解、捕食和外寄生以及叶绿体（Mann-Whitney U检验，$P < 0.05$）（图6-8）。在钵水母中显著更丰富的功能组主要涉及氮循环相关功能（硝酸盐呼吸和氮呼吸）和异养功能（需氧化能异养，化能异养，无脊椎寄生虫，人类病原，人类共生，动物寄生或内共生）（图6-8）。硝酸盐呼吸主要由弧菌属、芽孢杆菌属、栖

砂杆菌属、不动杆菌属以及寡养单胞菌属主导；后两个属还在氮呼吸中占主导地位。需氧化能异养和化能异养在钵水母和海水中均表现出最高丰度，主要功能细菌包括弧菌属、芽孢杆菌属、寡养单胞菌属、栖砂杆菌属、不动杆菌属、支原体属、金黄杆菌属、*Tenacibaculum*属、叶杆菌属、鞘氨醇单胞菌属等。

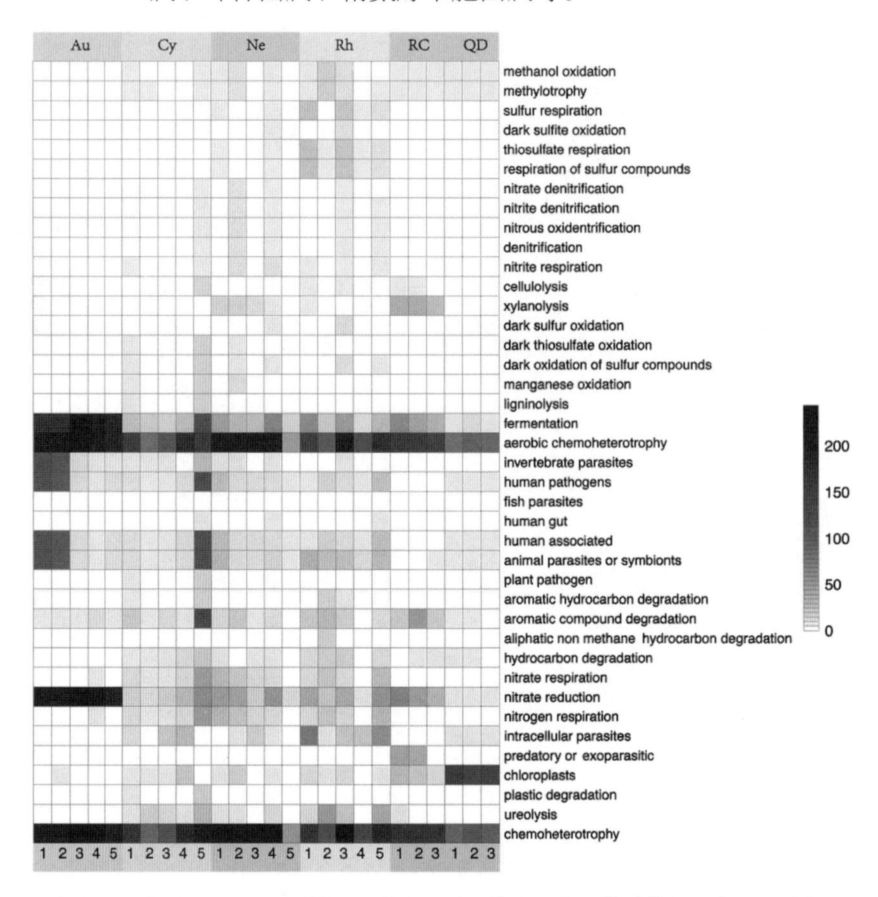

图6-8 基于FAPROTAX分析的4种水母及环境海水中细菌群落的40个主要功能

注：热图中的值是通过对相应功能有贡献的OTU的绝对丰度进行归一化后，再进行平方根变换得到；Au—采集自青岛胶州湾的海月水母，Cy—采集自青岛胶州湾的白色霞水母，Ne—采集自荣成石岛湾的沙海蜇，Rh—采集自荣成石岛湾的海蜇；QD—青岛胶州湾海水样品，RC—荣成石岛湾海水样品。

丰度前40的功能中检验出21个功能在4种钵水母之间存在显著差异，其中有15个功能的显著性差异体现在海月水母与海蜇之间（Kruskal-Wallis检验，$P < 0.05$）（表6-5）。海月水母的功能累积丰度通常是4种钵水母中的最低水平，除了发酵外，还包括无脊椎寄生虫、需氧化能异养、化能异养、硝酸盐呼吸以及塑料降解。巧合的是这些功能组的主要功能类群包含芽孢杆菌属、交替单胞菌属、弧菌科和弧菌属中的一个或多个，而这些细菌类群均为在海月水母共生细菌群中相对丰度高于其他3种水母的细菌。白色霞水母中塑料降解功能丰富，主要由高丰度的假单胞菌属贡献。此外，白色霞水母

中还具有较高丰度的纤维素分解、芳烃降解、烃降解和尿素分解功能组，这些功能均为化合物降解功能。沙海蜇中木聚糖分解和硝酸盐呼吸的功能组累积丰度是4种水母中最高的。海蜇的13个功能组均表现出4种水母中最高的累积丰度，包含硫循环、化合物降解和寄生相关功能，表明海蜇共生的细菌群落的FAPROTAX功能是最多样且最丰富的。

表6-5　21个在4种水母间存在显著差异的细菌群落功能

功能组	*P*值	成对比较（*P*值）
硫呼吸（Sulfur respiration）	0.001	Au < Rh (0.001); Cy < Rh (0.027)
深色亚硫酸盐氧化（Dark sulfite oxidation）	0.036	Au < Rh (0.034)
硫代硫酸盐呼吸（Thiosulfate respiration）	0.001	Au < Rh (0.001); Cy < Rh (0.021)
含硫化合物呼吸（Respiration of sulfur compounds）	0.001	Au < Rh (0.001); Cy < Rh (0.021)
纤维素分解（Cellulolysis）	0.01	Au < Cy (0.026); Au < Rh (0.022)
木聚糖分解（Xylanolysis）	0.001	Au < Ne (0.003); Cy < Ne (0.036); Au < Rh (0.043)
暗硫氧化（Dark sulfur oxidation）	0.036	Au < Rh (0.034)
发酵（Fermentation）	0.013	Au > Cy (0.027); Au > Rh (0.049)
需氧化能异养（Aerobic chemoheterotrophy）	0.034	Au > Cy (0.049)
无脊椎寄生虫（Invertebrate parasites）	0.017	Au > Rh (0.011)
芳烃降解（Aromatic hydrocarbon degradation）	0.007	Au < Cy (0.043); Au < Rh (0.030)
脂肪族非甲烷碳氢化合物的降解（Aliphatic non methane hydrocarbon degradation）	0.014	Au < Rh (0.008)
碳氢化合物降解（Hydrocarbon degradation）	0.005	Au< Cy (0.021); Au < Rh (0.009)
硝酸盐呼吸（Nitrate respiration）	0.024	Au < Ne (0.045)
硝酸盐分解（Nitrate reduction）	0.012	Au > Cy (0.018)
氮呼吸（Nitrogen respiration）	0.026	成对比较无显著差异
细胞内寄生虫（Intracellular parasites）	0.007	Au < Rh (0.004)
掠食性或寄生性（Predatory or exoparasitic）	0.011	Au < Rh (0.009)
塑料降解（Plastic degradation）	0.037	Cy > Ne (0.033)
尿素分解（Ureolysis）	0.009	Au < Cy (0.047); Au < Rh (0.010)
化能异养（Chemoheterotrophy）	0.045	成对比较无显著差异

注：表中显著性检验方法为Kruskal-Wallis检验；第二列*P*值为多重比较的检验结果，第三列*P*值为成对比较的检验结果；Au—采集自青岛胶州湾的海月水母，Cy—采集自青岛胶州湾的白色霞水母，Ne—采集自荣成石岛湾的沙海蜇，Rh—采集自荣成石岛湾的海蜇。

FAPROTAX功能预测揭示了一种细菌可能同时发挥多种功能，进一步丰富了对细菌潜在功能的理解。本研究中提到在海月水母中占主导地位的弧菌属是参与氮循环、化能异样和发酵的重要代表细菌。除此之外，其他研究中还发现弧菌是常见的表面和颗粒定殖者，且拥有多种几丁质分解酶（Bakunina et al.，2013；Dang et al.，2016）；同时，弧菌也是宿主防御来自海水环境中的病原生物和结垢生物的重要参与者（Kramar et al.，2019）；弧菌属的一些种被认为是病原菌（Slinger et al.，2020；Mauritzen et al.，2020；Shen et al.，2020）。

本研究揭示了海月水母中较丰富的芽孢杆菌属在硫循环和化能异养（主要由*B. megaterium*发挥功能）以及氮循环和人类病原中（主要由*B. anthracis*发挥功能）均具有重要作用。并且*B. megaterium*还被证明在抗菌（Rajabi et al.，2020）、促进植物生长（Panigrahi et al.，2020）和生物浸提贵金属（Javad et al.，2020）等方面具有巨大的应用潜力。

本研究发现海月水母中丰度较高的交替单胞菌属、沙海蜇和海蜇中丰度较高的*Tenacibaculum*属以及在白色霞水母、沙海蜇和海蜇中广泛共生的支原体和鞘氨醇单胞菌属的功能均比较单一，仅参与化能异养功能。化能异养包括需氧化能异养和化能异养，在钵水母和海水中均为累积丰度最高的功能组，表明其在钵水母共生的细菌群落和海水细菌群落中的重要地位。曾经有研究认为化能异养是浮游细菌和沉积物中必不可少的生态功能（Zeng et al.，2014；He et al.，2020）。也有研究提出交替单胞菌属参与几丁质降解（Bakunina et al.，2013），还可能促进聚己内酯（PCL）和聚羟基链烷酸酯（PHA）降解（Lopardo et al.，2019）。鞘氨醇单胞菌属可以在多种极端条件下存活（Walayat et al.，2018；Menon et al.，2019），能利用广泛的底物，比如多环芳烃（PAHs）、聚合物和简单的无机物质（如氮）（Carmen García et al.，2019；Yun et al.，2019）。在黄渤海4种钵水母中广泛共生的罗尔斯顿菌属在一定程度上具有与鞘氨醇单胞菌属相似的特征，即均具有较强的金属耐受性，均是生物修复过程的重要功能菌（Wang et al.，2020）；但另一方面，罗尔斯顿菌属也被认为是一类新兴的病原微生物（Fang et al.，2019；Alasehir et al.，2020）。

剖析功能预测研究结果，不难发现，某些与钵水母共生的细菌可能在海洋生物地球化学循环中起着重要作用，例如弧菌、芽孢杆菌、栖砂杆菌、不动杆菌和寡养单胞菌。此类细菌可能会为宿主提供无法利用的营养和其他益处（Lee et al.，2018）。而在水母暴发后的消亡过程中，某些钵水母共生的细菌（例如弧菌科）可能被引入周围水域并迅速生长，这对于水母尸体的降解具有重要意义，导致大量无机营养物质的积累，参与元素的再生（Tinta et al.，2012）。此外，在作者团队的研究中还发现了一些钵水母共生细菌具有污染物降解作用，如交替单胞菌、鞘氨醇单胞菌、罗尔斯顿菌等。我们推测这些细菌可能与钵水母的耐污染性有关。有研究指出钵水母对某些污染物，如重金属和有毒有机物具有较强的耐受性，这也被认为是某些被污染的海域水母暴发的原因之一（Almeda et al.，2013；Lucas et al.，2014）。目前关于水母与其共生微生物群的关系的研究数据还很少，但这类研究对系统性探索某些水母频繁暴发的海域的生态关系可能是极其重要的。

5. 4种钵水母共生的潜在病原菌

由于有关海洋细菌功能的认知仍在不断更新和补充，因此，目前尚没有能够涵盖海洋细菌所有功能（尤其是海洋生物病原）的全面功能预测数据库。在下文中，我们将本研究与已发表的研究比较分析，针对性讨论黄渤海4种水母共生的细菌群中较高丰度的潜在病原菌。

黄渤海的4种暴发钵水母共生细菌群落共检测出10个属的潜在病原菌，包括弧菌属、支原体属、罗尔斯顿菌属、*Tenacibaculum*属、弓形杆菌属、金黄杆菌属、*Nautella*属、不动杆菌属、芽孢杆菌属以及未分类的衣原体科（表6-6）。弧菌是海月水母潜在致病菌属中的优势群（> 48.74%），在海月水母口腕部相对丰度高达92.04%，其次是沙海蜇伞部（2.72%）和海蜇伞部（2.09%）。弧菌的其中一个广为人知的功能是其某些种类的致病性，可以感染包括鱼类、虾类、贝类在内的众多海洋生物和人类（Paillard et al.，2004；Altug et al.，2012；Mauritzen et al.，2020）。

表6-6　4种黄渤海钵水母中潜在致病菌属和种统计表

属水平鉴定	来源样品/相对丰度（%）	种水平鉴定	主要感染对象	参考文献
弧菌属	AuU (48.74); AuO (92.04); AuS (77.54); NeU (2.72); RhU (2.09)	未分类	鱼	Austin et al., 1997; Slinger et al., 2020
			贝类	Paillard et al., 2004; Liu et al., 2015; Travers et al., 2015; Dubert et al., 2017
			虾	Tran et al., 2013; Joshi et al., 2014; Lee et al., 2015
			人类	Altug et al., 2012; Mauritzen et al., 2020; Shen et al., 2020

续表

属水平鉴定	来源样品 /相对丰度（%）	种水平鉴定	主要感染对象	参考文献
支原体属	CyU (1.00); CyO (5.18); CyG (9.06); NeU (26.95); NeO (59.87); NeG (51.31); RhU (1.72); RhO (4.02); RhG (67.87)	未分类	鱼	EI-Jakee et al., 2020; Lian et al., 2020
			人类，昆虫，家禽，植物等	Razin et al., 1998; Guthrie et al., 2013
罗尔斯顿菌属	AuU (2.74); CyU (24.49); CyO (14.11); CyG (1.24); NeU (6.58); NeO (1.63); NeG (5.39); RhU (6.83); RhO (2.16); RhG (1.51)	未分类	人类	Fang et al., 2019; Alasehir et al., 2020
*Tenacibaculum*属	NeU (3.43); RhU (3.76); RhO (5.27)	*Tenacibaculum dicentrarchi*	大西洋鲑鱼	Avendano-Herrera et al., 2016; Slinger et al., 2020
弓形杆菌属	RhU (1.15)	未分类	双壳贝类	De Lorgeril et al., 2018; Lasa et al., 2019
			人类	Collado and Figueras, 2011
金黄杆菌属	RhU (2.66)	未分类	鱼	Loch et al., 2015; Shahi et al., 2018
*Nautella*属	NeU (1.79)	*Nautella italica*	红藻	Case et al., 2011; Gardiner et al., 2017; Hudson et al., 2018
不动杆菌属	CyO (2.82)	*Acinetobacter schindleri*	人类	McGann et al., 2013; Jani et al., 2019
芽孢杆菌属	AuU (8.30); AuS (11.07); NeU (1.50)	*Bacillus anthracis*	人类和其他哺乳动物	Welkos et al., 2015; Gainer et al., 2020; Gupta et al., 2020
未分类衣原体科	RhU (3.94); RhO (3.59); RhG (3.67)	未分类	人类和其他哺乳动物	Pagliarani et al., 2020
			鸟类	Kaleta et al., 2003; Kik et al., 2020
			爬行动物	Inchuai et al., 2021

支原体属是4种钵水母共生细菌群落中丰度第二高的潜在致病菌，在3种水母（白色霞水母、沙海蜇、海蜇）的三个身体部位（伞部、口腕部、生殖腺）均占据较高的相对比例，且在海蜇生殖腺（67.87%）、沙海蜇口腕（59.87%）、沙海蜇生殖腺（51.31%）以及沙海蜇伞部（26.95%）达到优势地位。该属被发现在藻类（Altamiranda et al.，2011；Davis et al.，2013）、无脊椎动物，如双壳类（Fernandez-

Piquer et al.，2012）、甲壳类（Liang et al.，2011）、栉水母（Hao et al.，2015）和其他刺胞动物（Cortés-Lara et al.，2015；Weiland-Bräuer et al.，2015；Viver et al.，2017）中均有共生。至今为止，支原体在胶质浮游动物中的功能仍是未知的。支原体属的部分种类被鉴定为常见病原菌，如*Mycoplasma mobile*、*M. penetrans*、*M. pneumoniae*。由于我们研究中检测到的支原体属细菌在种水平未明确分类，因此我们不能排除本研究中钵水母共生的支原体属包括某些致病种的可能。

罗尔斯顿菌属是分布最广泛的潜在致病菌，在4种钵水母中均具有较高的相对丰度，其中在白色霞水母的伞部（24.49%）和口腕（14.11%）中尤其高。该属是非发酵革兰氏阴性细菌，某些种类最近被公认为机会病原体（Alasehir et al.，2020）。*Ralstonia picketti*、*R. mannitolilytica*和*R. insidiosa*被视为传染病的新兴病原体，尤其偏向感染免疫功能低下的患者（Fang et al.，2019）。罗尔斯顿菌属在4种钵水母共生微生物中的优势分布，加大了暴发钵水母作为人类病原传播媒介的隐患。

据文献统计，*Tenacibaculum*属包括21种鱼类致病菌（Habib et al.，2014）。本研究中该属在种水平被鉴定为*Tenacibaculum dicentrarchi*，其主要共生于沙海蜇和海蜇的伞部和口腕，已知是大西洋鲑鱼的致病菌之一（Avendano-Herrera et al.，2016；Slinger et al.，2020）。此外*Tenacibaculum*属可能是水母消化系统的关键部分，在其免疫防御和营养补充中起重要作用（Ferguson et al.，2010；Cortés-Lara et al.，2015）。

弓形杆菌属和金黄杆菌属在海蜇伞部中以较高丰度共生。近年来，弓形杆菌属被认为是新兴的食源性和水源性病原体，已有研究证明其是双壳类的病原体和潜在的人畜共患病原（Collado et al.，2011；Jyothsna et al.，2013；De Lorgeril et al.，2018；Lasa et al.，2019）。金黄杆菌属被证明是鱼类的病原菌或机会主义病原（Loch et al.，2015；Shahi et al.，2018），在肺状根口水母中也有较低丰度的共生（Basso et al.，2019）。

*Nautella*属细菌作为沙海蜇中丰度较高的6个潜在致病菌属之一，在种水平被明确鉴定，以*Nautella italica*占主导，该种是红藻*Delisea pulchra*白化病的病因（Case et al.，2011；Gardiner et al.，2017；Hudson et al.，2018）。

不动杆菌属集中分布于白色霞水母的口腕部，以*Acinetobacter schindleri*占优势地位，该种是公认的人类病原（McGann et al.，2013；Jani et al.，2019）。

炭疽杆菌（*Bacillus anthracis*）隶属于芽孢杆菌属，是炭疽病的病原体，也是本研究的海月水母共生细菌群落中除弧菌之外的另一种潜在病原体，在2001年美国炭疽病大流行后，炭疽病一直是人们关注的焦点（Jernigan et al. 2001）。最近的研究表明，炭疽杆菌还具有感染多种非人类哺乳动物的能力，例如鼠、豚鼠、兔子和非人类灵长类动物等（Welkos et al.，2015）。

另外，衣原体科（属水平未分类）在海蜇3个身体部位均具有较高丰度。衣原体是人类、非人类哺乳动物、鸟类和爬行动物的常见病原体（Kaleta et al.，2003；Inchuai et al.，2021；Kik et al.，2020；Pagliarani et al.，2020），并且值得注意的是，衣原体门是在多个水母微生物组研究中均被发现的细菌（Viver et al.，2017；Stabili et al.，2020）。

因为在我们的研究中某些属没有在种水平上明确分类，所以需要进一步研究才能断定这些未分类细菌属的致病性。本研究将它们称为潜在的病原细菌，它们可能对其他海洋生物和人类有害。携带着潜在病原菌的钵水母成体可以随海流迁移，并扩散到更广阔的海域（Dong et al.，2010；Tinta et al.，2019）。本研究中的4种钵水母通常在中国黄渤海沿海海域暴发，这里密集的水产养殖区无疑加大了致病风险和代价。活的钵水母可能通过接触或攻击将致病菌传播给包括人类在内的其他生物，导致后者细菌性感染，甚至死亡（Basso et al.，2019；Clinton et al.，2020）。在钵水母尸体的降解过程中，某些病原细菌可能会释放到周围的海水中，从而增加了同一海域中其他生物的感染风险（Tinta et al.，2012）。与野生生物相比，养殖生物可能会面临更大的危险，因为其聚集地和栖息地与钵水母暴发区域重叠，这将给水产养殖业带来不可估量的社会经济损失。

三、小结

作者的研究确定了中国黄渤海海域4种暴发的钵水母成体的共生细菌群落特征。结果表明钵水母共生的细菌群落具有水母种类的特异性，且与周围海水环境中自由生活的细菌群落显著不同。本研究中钵水母共生的优势细菌为变形菌门、柔膜菌门、厚壁菌门和拟杆菌门。4种钵水母核心细菌群的主导菌属为支原体属、弧菌属、罗尔斯顿菌属、*Tenacibaculum*属、鞘氨醇单胞菌和叶杆菌属，这些属是硝酸盐和氮呼吸以及需氧化能异养的主要功能菌。功能预测结果证明了水母可以差异性地影响暴发海区由微生物介导的生物地化循环、化合物降解和病原传播。钵水母中共检测到10个属的潜在致病菌，包括弧菌属、支原体属、罗尔斯顿菌属、*Tenacibaculum*属、弓形杆菌属，金黄杆菌属、*Nautella*属、不动杆菌属、芽孢杆菌属以及未分类的衣原体科。尚需要进一步研究来鉴定这些潜在病原属的具体种及其在水母–细菌系统中的生态功能。4种钵水母的不同身体部位的共生细菌群落之间没有显著差异。在未来的研究中，应考虑将诸如触手、黏液等重要组织也纳入测序分析中来；引入元转录组学方法进行更深入的研究，以破译海洋环境中水母–细菌相互作用的生态影响。

第七章　黄渤海滨海养殖池水母暴发的防控治理

频繁的水母暴发造成生态失衡和重大社会经济损失，目前水母已经被列为影响养殖业、渔业、旅游业等国家经济产业的重要因素之一。在日本，沙海蜇大量暴发造成渔业资源和捕捞业处于崩溃的边缘。在我国东海和南海北部海域，大量聚集的白色霞水母经常造成网具缠绕阻塞、渔获量减少以及海滨浴场伤人事件。为了保证沿海经济和生态环境可持续发展，水产养殖中灾害水母的防控工作也显得十分重要。我国相关部门高度重视，启动了多个科研和应用项目，如国家自然科学基金“大型水母沙海蜇在黄、东海的生活史及其对浮游生物的调控作用”、973 项目“中国近海水母暴发的关键过程、机理和生态环境效应”和 2010 年国家海洋局公益性项目“典型海域水母灾害监测预警技术业务化应用与示范研究”。但多数种类的水母个体较小，生长和发育具有季节性，在生产养殖中难以及时发现；且种群动态受到食物、盐度、气候等多种因素影响，难以对种群数量进行及时准确的预测。

生物灾害具有突发性、普遍性和危害性等特点，其中突发性是生物减灾工作的关键。如果能较准确地预警灾害发生的时间及强度，就可以事先做好准备，采取一些预防措施，减少生物灾害可能带来的损失。而做好生物灾害预测的前提条件是要对生物灾害的发生规律、形成机理有足够的了解，并同时对暴发生物的种群数量和种群动态进行实时的监控。结合物理、化学、生物等手段对灾害生物种群进行控制，降低其危害。

第一节　水母暴发的防控技术及可行性概述

一、形成监控与预警系统

水母中水螅水母、钵水母、立方水母和栉水母作为经常引起灾害的生物类群，其生长发育和种群动态具有季节规律和年变化。其中钵水母和水螅水母等具有世代交替现象，包括营附着生活进行无性生殖的水螅体阶段和营浮游生活进行有性生殖的水母体阶段。

水螅幼体主要生活在牡蛎礁、水泥柱等硬质基质的背阴面。作为机会主义者，水螅幼体主要捕食水体中经过自身附近的甲壳类浮游动物以及鱼卵、仔鱼等。水螅幼体作为污损生物，在养殖池网箱上大量附着会对养殖环境的生态系统造成不利影响，同时与养殖生物竞争饵料，造成养殖生物蜇伤进而引起细菌感染疾病。水螅幼体对水母种群的个体补充十分重要，既可以通过出芽等无性生殖方式产生更多的水螅幼体个体和更大的水螅幼体种群，还可以通过横裂生殖释放碟状幼体。水母体营浮游生活，水母的运动主要包括自身自主运动和风浪、洋流等被动运动。水母自主运动主要通过收缩伞部挤压内腔海水，通过喷水推进的方式进行移动，并借助触手有效地改变运动方向。水母的自主运动能力较弱，大型水母的漂移聚集可能受气象和水文动力条件的影响。进一步研究水母的运动规律和生活海域的洋流特点，才能更好地进行水母灾害预测预警研究。

在国内外的一些贝类、经济鱼类养殖区，养殖海域水质和浮游生物等数据监测已经十分普遍，这些监测系统可以测定威胁养殖水产的有害物质浓度或有害生物种群变化，并针对发生的问题及时进行处理。随着水母类对水产养殖业的危害越发凸显，在养殖海域对水母的常规监测越发重要，水母大量繁殖对水产养殖的危害更需要深入研究。某些海域内温度、盐度和浮游动植物种群变化的常规监测数据可以用来分析水母年际间和季节性种群数量变化以及暴发的可能性概率，使养殖海域灾害生物暴发对养殖业的危害降低到最小。

二、卫星遥感监测技术

海洋卫星遥感具有全天时、全天候、大范围、长时序观测的独特优势，广泛应用于海洋生态与资源监测调查、海洋灾害监测、海洋权益维护、海洋环境预报与安全保障等领域。新中国成立70多年来，我国十分重视海洋卫星遥感应用技术的发展，构建并发射了海洋水色、海洋动力环境和监视监测系列海洋卫星，初步形成了具有优势互补的卫星海洋遥感业务化应用体系，基本实现了海洋卫星遥感的业务化应用，取得了显著的经济和社会效益。我国海洋遥感应用先后经历了20世纪70年代的起步和探索阶段，20世纪80年代的试验和初步应用阶段，以及20世纪90年代以来的业务化应用阶段。1973年我国开始接收美国NOAA气象卫星资料，20世纪70年代末至80年代期间，我国利用气象卫星和陆地卫星数据开展了海洋气象分析、海冰、海水污染、海表温度、中尺度涡旋、大尺度海洋动力学和河口近岸悬浮泥沙观测等应用研究，并在渤海湾、杭州湾等海域使用航空遥感开展了溢油、地物分类、滩涂资源和海表温度等遥感应用研究。2014年11月22日在GF-1卫星影像上发现了赤潮。

卫星遥感技术具有大尺度和连续观测的优势，可以较好地观测养殖海域的环境变化。因此可以通过卫星遥感技术获取养殖海域的叶绿素浓度（Chl-a）、总悬浮物浓度（TSM）以及海表温度等数据，利用数值模型和水下摄像技术，预测水母数量、季节分布、追溯其运动路径以及可能的源地，预估水母暴发程度和可能性。

三、无人驾驶飞机遥感监测技术

水母聚集的近表面航空调查为研究其水平范围和时间行为的潜在有价值的方式。无人驾驶飞机（UAV）简称无人机，可以作为同时执行高分辨率和大范围的种群数量调查的工具。结合计算机图形处理对无人机图像横断面进行精确的地理定位，可以计算聚集体的表面积，这也是计算聚集体总生物量的关键。高分辨率的地理参考图像可以检测出聚集程度的微小差异（例如在同一潮汐时期），从而为进行精确的高频测量，跟踪聚集体的大小、形状和运动开辟了可能性。这凸显了无人机进行空中测量的主要优势。无人机的低成本和易用性使调查区域可以高频重复，从而可以进行长时间、高分辨率的监视和聚合测量。无人机越来越多地用于陆地调查，可以比地面计数更准确地进行种群数量调查，尤其是在地形复杂的地区。尽管无人机在海洋环境中的使用相对较晚，但已被用于监视包括鲨鱼、海龟和儒艮等大型脊椎动物种群。无人机可以提供分辨率更高的图像，并且比传统的空中方法更实惠。

无人机的应用包括：（1）定位聚集点；（2）测量聚集区域的范围；（3）估计水母相对密度；（4）结合无人机和其他数据来估计总聚集度生物量。无人机技术在浒苔暴发、赤潮等灾害藻类调查的应用中已十分成熟，其对灾害藻类暴发的范围以及动态的测量和监测具有很好的适用性。基于无人机的监测方法，可以对水母种群进行快速定位，评估水母暴发的丰度、范围和个体大小，根据水母暴发的现场表征，预测水母种群运动趋势，在实际生产中对水母暴发进行防治（图7-1）。

图7-1　无人飞行器可以快速精确定位水母聚集体

海洋环境中使用无人机也面临着许多挑战，例如无人机拍摄过程中的太阳眩光、浊度和风强度。在有雾的条件下以及在强光下，图像质量都会降低。眩光可能是无人机在水产调查中应用的最大障碍；但目前已开发出许多减少眩光的途径：在阴天条件下进行无人机飞行，调整无人机飞行路径以控制眩光角度以及将偏振滤镜应用到无人机摄像机镜头上。减少原始图像中的眩光可以减少裁剪的需要，并可以自动识别聚集程度。

对图像横断面进行地理配准可以精确计算聚集体表面积，这是计算聚集体总生物量的关键要素。高分辨率的地理参考图像可以检测出聚集程度的微小差异（例如在同一潮汐时期和一天之内），从而为进行精确的高频测量开辟了可能性并能跟踪聚集体的大小、形状和运动，这凸显了使用无人机而不是有人驾驶飞机进行空中测量的主要优势。无人机的低成本和易用性使采样区域可以高频重复调查，从而可以进行长时间高分辨率的监视和聚合测量。由于UAV数据提供了图像的二维值，而生物量和生物密度需要三维估计，因此这两种数据类型不能直接比较，需通过将实际拖网调查和无人机数据相结合估算出聚集体的总生物量，这是对水母总聚集生物量的初步估计，这种估计可以评估水母的生态影响。

无人机监测和水母聚集区域生物量拖网调查估算相结合，提供了一种水母生物量估算的新方法。如果能获得单个水母伞部直径的估计值，则仅使用航测数据就可以计算出水母聚集生物量的粗略估计值。图像尺寸估算中的一个重要参数是图像的像素尺寸。像素大小随飞行高度而变化，可以修改以适应各种物种直径。一旦确定了个体的大小，就可以将长度与重量的关系应用于生物量的估算。该过程的最后一个要素将是直接比较拖网数据和UAV数据，以确定真实密度（拖网数据量）和估计密度（图像结果）之间的差异水平并校正差异。

无人机用于对水母聚集体进行定性和定量测量，可以解决依靠船只采样进行水母监测所面临的挑战。地理参考图像可以准确地计算出聚集位置和范围，而高分辨率图像可以获得较以前传统航空方法更精细的数据。

四、水下监测技术

随着浮动工程结构的扩散和多样化，海洋被认为是可持续生产能源和食品的可行发展空间。潮汐能、风能和波浪能转换器和海洋水产养殖设施给水体增加了相当大的结构复杂性，创造了具有不确定生态后果的新型生态系统。可持续蓝色经济增长的一个重要核心考虑因素是显著减少威胁海洋健康和复原力的环境风险，因此需要开发和评估具有成本效益的工具来对海洋进行快速水下监视和监测，以增进对浮动工程结构生态后果的了解，支持致力于可持续海洋的开发商、监管者和规划者的决策。目前已开发的具有计算机视觉的新型水下数字成像系统，用于对浮游鱼类进行生物监测（图7–2），我们大胆推测其在浮游水母类的生物监测中也具有广阔前景。

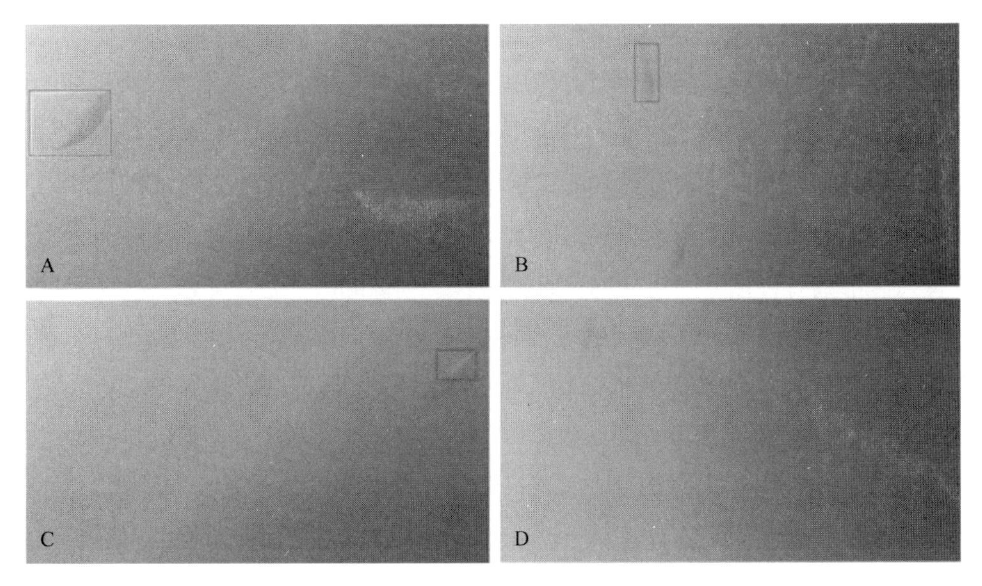

图7–2　水下监测

（1）PelagiCam系统用于远程监控，已在海上贻贝养殖场和开放水域控制点成功部署和评估，以确定浮动结构对中上层动物数量的影响，该系统目前主要的监测对象为鱼类，但未来将可能扩展应用到更多的海区和海洋动物的监测中。与拖网调查和潜水员调查会对研究对象造成的干扰不同，PelagiCam提供了一种非破坏性和非干扰性的技术来记录移动生物体的活动，从而避免了对观测点的其他鱼类造成影响。PelagiCam因具备价格低、装置体积小、重量轻、易于运输和部署的特点，用途非常广泛。其由广泛可用的现成组件构成，需要维护的技术知识很少；此外，还可以在该平台上安装其他传感器和附件，如立体声视频，以允许精确的长度估计。尽管观测个体较少，但现行系统的运行结果证明其可以在贻贝养殖场充当中上层鱼类的聚集监测设备。PelagiCam适用于在敏感区域或结构（例如海洋可再生能源装置、FAD和海上水产养殖场）中监测浮游物种，将其与其他采样方法（如带诱饵的摄像头系统、声学遥测和分类学调查）结合使用，将共同加强对围绕工程结构（如近海养殖场）发展的新型中上层生态系统的生态和行为的全面了解。

（2）计算机视觉方法可以极大地提高图像查看的效率、可重复性和准确性，尤其是在需要分析大量视频的情况下。MotionMeerkat软件曾识别监测到了未识别材料的移动颗粒，这突显了计算机视觉对其他目标，如塑料等海洋垃圾的监测潜力。虽然该系统目前仍处于较初级阶段，但通过进一步开发，在未来有望高效探索不同设置下的性能敏感性，以尝试捕获运动行为更复杂、运动速度更高的对象，从而实现对特定浮游动物，如水母的监测。计算机视觉的进步为提高背景扣除和前景检测的性能以及显著增加可从视频数据中提取的信息量（如动物的物种、大小、形状、颜色、运动速度、行为互动）提供了广阔的前景。使用运动检测结合机器学习算法的人工智能，正在改变生态学的遥感技术，如卷积神经网络（CNN）的深度学习方法可在视频或照片中检测目标物，从而实现了可靠的基于图像的全自动监测。最新的计算机视觉已实现在无监督的背景扣除和对象识别的同时实时运行。在不久的将来，下一代计算机视觉将支持能够实时传递非常可靠的信息的、基于图像的海洋监测系统。

（3）PoCo方法结合了最新的计算机视觉技术和机器学习方法，针对水螅幼体计数的特定领域量身定制，为水螅幼体种群评估提供准确的基础事实。PoCo被用于Hočvar等（2018）的海月水母水螅幼体的一年种群动态分析，该研究从计数方差和PoCo失败案例的角度，在对记录问题进行深入分析的基础上，概述了图像获取指南，以方便将来在研究中使用；这是第一个全面解决水螅幼体计数自动估计问题并定量暴露此任务中人类记录错误的工作。

五、创新养殖网具和养殖模式

养殖网具、人工鱼礁等设施为水螅幼体附着提供了优良的基质，加之养殖海域高营养盐和丰富的浮游生物食物供给，使养殖区成为水母类发育和繁殖的优良人工温床，极大增加了水母暴发的概率，给水产养殖埋下巨大隐患。为减少养殖网箱上水螅幼体的附着，可以研究新型无毒的网具材料，通过影响刺胞动物（如钵水母、水螅水母浮浪幼体）的附着，从而减少水螅幼体在水产养殖设施上的附着生长。挪威、日本等发达沿海国家率先利用具有天然抑菌特性铜制作网衣，有效抑制生物污染，水体交换速率得到提升，水体溶解氧含量显著增加，有利于养殖对象健康生长；在塔斯马尼亚的鲑鱼养殖场，涂硅材料的养殖网箱，可显著降低污损生物附着，减少由于网箱网孔堵塞导致的各种问题。但在新型材料研发过程中，应注意材料的环保性和低污染性，避免对养殖生物的健康造成危害。针对水母的漂浮性和上层水栖性，使用深水网箱替代现在普遍使用的漂浮网箱，也可以一定程度上避免水母与养殖生物的直接接触。

六、基于物理清除方法的源头治理技术

由于水母种群大小和数量的关键因素为其水螅幼体的种群数量，所以利用高压水槽等物理方法对附着在养殖池附着基、养殖网箱等表面的水母水螅幼体进行清理和去除，也是减少水母对养殖生物伤害的一种可行性的手段。

此外，利用空气气泡浮力原理，对海月水母成体进行防治，也是一种较为环保的治理手段。当海月水母的胃部进入气泡后，气泡很难排出，将造成水母体上浮，久之会造成水母体伞部穿孔以及水母畸形。

第二节　茶皂素对海月水母的毒性作用实验

茶皂素又称茶皂甙，其基本结构为有机酸、糖体和配基，属于五环三萜类皂甙。目前茶皂素主要从茶籽饼中提取获得，以油茶生产过程中的、廉价易取的副产品茶籽饼为原料。但是由于早期提取工艺较落后、产量低，因此价格较高，近年来发展出多种新型提取工艺，包括水提取法（如热水提取、水提沉淀法、水提醇沉法）、有机溶剂法（如甲醇提取法、乙醇提取法、正丙醇提取法、正丁醇提取法）、超声波辅助法以及超临界流体法等新型提取工艺。提取工艺的发展使茶皂素价格逐渐降低，目前在农业领域有很好的应用。茶皂素具有很好的溶血、抗菌、生物类激素活性，有研究发现茶皂素还对环氧化活性有一定的抑制作用，影响生物体中神经系统、排泄系统和消化系统的功能。

茶皂素为糖苷化合物，可以诱发鱼鳃片层和层间的上皮细胞肿胀，血细胞溶解，降低鱼鳃部与水分子之间的表面张力，减少摄氧量，从而导致生物体慢性死亡。因此，茶籽饼或茶皂素作为生物活性药物已广泛应用于水产养殖业。茶皂素在不同的培养生物中的毒性作用实验为水产养殖业的有害生物防治提供定性定量数据。Terazaki等（1980）研究发现，茶皂素对食肉鱼类的有效剂量为1.1毫克/升，此浓度下所有研究的虾蟹均未受到明显伤害。罗毅志等（2005）提出茶皂素作为虾蟹池清塘剂，对杂鱼毒杀作用时间快，持续时间短，对虾蟹安全，即使浓度达18毫克/升，虾蟹也能正常存活。

一、实验材料及方法

1. 实验材料获取及实验动物暂养

茶皂素提取于油茶茶籽饼，本实验所用为上海源叶生物技术有限公司生产，冰箱4℃低温储存，使用时的溶液现配现用。

海月水母成体于2019年9月采集自烟台市养马岛码头。选择健康的生殖腺呈褐色的雌性海月水母，用抄网小心捞入盛有过滤海水的整理箱中，迅速运回实验室。在实验室中将水母从整理箱中捞入水母循环养殖系统中暂养，剩余海水用300目筛绢过滤，收集海月水母浮浪幼虫，在体视镜下镜检浮浪幼虫的状态，确保浮浪幼虫的活力和完整性。将10厘米×15厘米波形板平铺在5升整理箱中，加入过滤海水和海月水母浮浪幼虫，培养箱于25℃黑暗静置7天。待海月水母浮浪幼虫在波形板上附着变态为水螅幼体后，每2天投饵一次卤虫1日龄无节幼体，生长至可以进行无性繁殖的16触手水螅幼体阶段即可进行实验。挑选个体健康、附着生长60天以上的海月水母16触手水螅幼体，于培养箱中15℃低温横裂刺激，诱导水螅幼体横裂繁殖产生碟状幼体，收集1日龄碟状幼体进行实验。

2. 茶皂素暴露

茶皂素浓度梯度设置为 0毫克/升、0.1毫克/升、 0.5毫克/升、 1毫克/升、5毫克/升、10毫克/升、50毫克/升、100毫克/升，实验过程中使用0.22微米滤膜过滤海水。实验温度设置为16℃，盐度在31.5。

（1）茶皂素对海月水母碟状幼体的急性致毒效应

每个浓度设置3个平行，每个平行包含8只碟状幼体，每只碟状幼体放到1个孔内，每个浓度使用1个24深孔板。观察记录时间为第24小时和第48小时。记录碟状幼体每分钟收缩次数和静止碟状幼体个体数目，每只碟状幼体记录三次，取平均值。光照：黑暗为12小时：12小时。

（2）茶皂素对海月水母螅状幼体的急性致毒效应

每个浓度设置3个平行，每个平行包含8只螅状幼体，每只螅状幼体放到1个孔内，每个浓度使用1个24深孔板（共168只大小相近的螅状幼体）。观察记录时间为第24小时、第48小时。记录指标：解剖镜拍照记录每个孔中螅状幼体的存活状态和健康状态；每个孔中螅状幼体无性生殖情况。光照条件为全黑暗。

实验记录过程中，对实验组海月水母碟状幼体和螅状幼体各项数据均记录三次，取其平均值。通过SPSS 19.0 PROBIT概率单位法计算茶皂素对海月水母碟状幼体和螅状幼体的24小时和48小时半数致死浓度（LC50）、半数有效浓度（EC50）和相关的95%置信区间（CL）。采用单因素方差分析及LSD检验，比较活动个体和静止个体间的控制浓度，并计算茶皂素对海月水母碟状幼体和螅状幼体的最低有影响浓度（LOEC）。通过Levene test进行方差齐性检验。

二、实验结果及分析

空白组中的海月水母碟状幼体形态正常，活动力强（图7-3A）。暴露于5毫克/升茶皂素24小时和48小时后碟状幼体表现出组织萎缩和触手退化的迹象（图7-3B）。螅状幼体在空白组中完全伸展触手（图7-3C），而暴露在5毫克/升茶皂素中24小时后触角完全收缩、48小时后死亡（图7-3 D）。

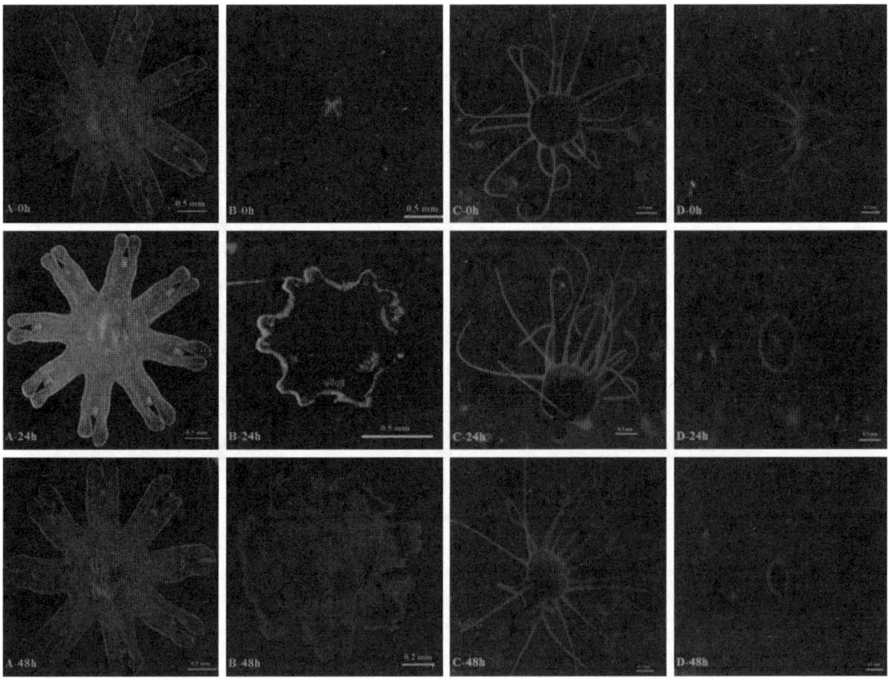

图7-3　海月水母碟状幼体和螅状幼体暴露茶皂素形态学变化

A. 正常海水中的碟状幼体；B. 茶皂素浓度为5毫克/升过滤海水的碟状幼体；

C. 正常海水中的螅状幼体；D. 茶皂素浓度为5毫克/升过滤海水的螅状幼体

根据海月水母碟状幼体静止个体数量得其24小时的LC50值为1.9毫克/升，48小时的LC50值降低至1.1毫克/升。根据海月水母碟状幼体搏动数量得其24小时的EC50值为0.8毫克/升，48小时的EC50值为1.0毫克/升（表7-1和图7-4）。

表7-1　海月水母碟状幼体和螅状幼体的茶皂素暴露记录表

发育阶段	状态	暴露时间/小时	LC50/EC50（/毫克·升$^{-1}$）	CL
碟状幼体	静止	24	1.9	1.7～2.1
		48	1.1	0.9～1.2
	搏动	24	0.8	0.2～2.0
		48	1.0	0.6～1.3
螅状幼体	死亡	24	0.4	0.4～0.5
		48	0.4	0.4～0.5

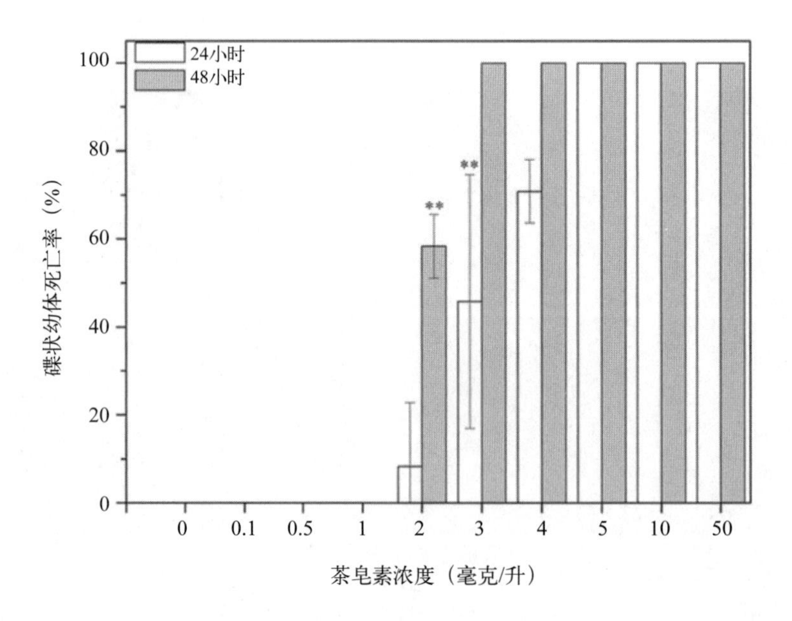

图7-4　海月水母碟状幼体暴露于不同茶皂素浓度中的死亡率

48小时后所有空白组的海月水母碟状幼体全部存活，且个体的活动性较强，表现出较高的收缩频率。而茶皂素浓度高于3毫克/升的处理组在48小时后以及高于5毫克/升的处理组在24小时后碟状幼体全部死亡，收缩频率为0。分别暴露在2毫克/升、3 毫克/升和4毫克/升三个茶皂素浓度的碟状幼体在24小时后均为部分死亡，且个体的收缩频率呈逐渐降低的趋势（图7-5）。

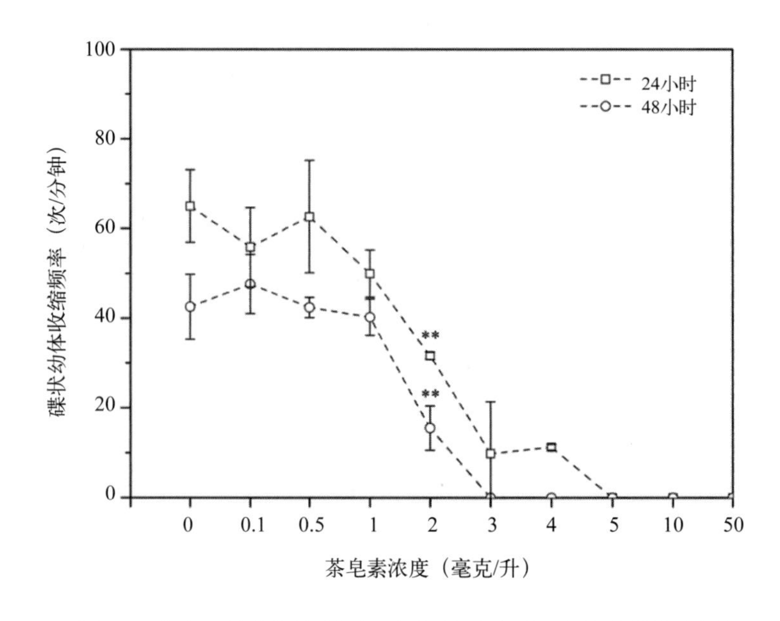

图7-5　海月水母碟状幼体暴露于不同茶皂素浓度中的个体收缩频率

在茶皂素对海月水母螅状幼体的急性致毒效应实验中，48小时后所有空白组的海月水母螅状幼体全部正常生存，但暴露在茶皂素含量高于2毫克/升的处理中的海月水母螅状幼体在24小时的死亡率达到100%，而暴露在0.1毫克/升茶皂素浓度海水中的螅状幼体未出现死亡现象。根据24小时和48小时暴露后海月水母螅状幼体死亡率得到其LC50值为0.4毫克/升。由海月水母螅状幼体的死亡率计算出其24小时和48小时的LOEC值为1毫克/升（图7−6）。

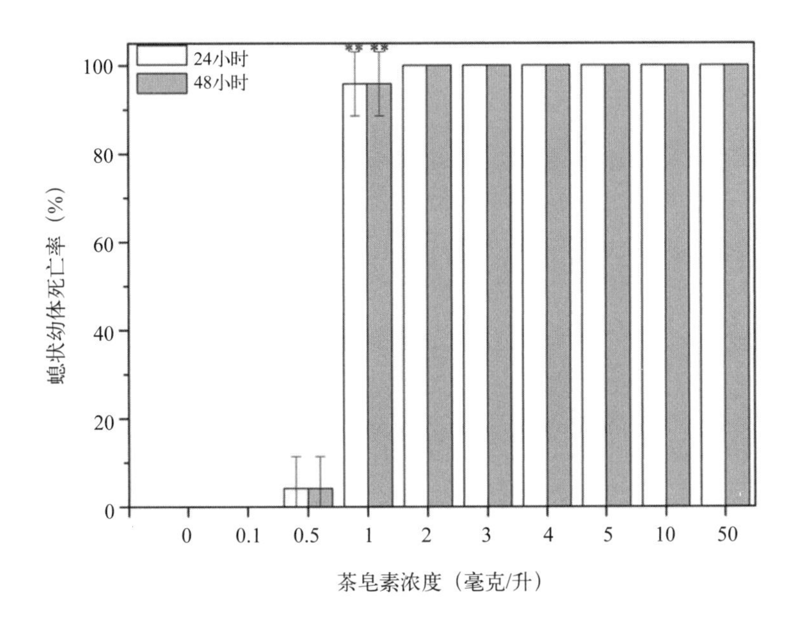

图7−6　海月水母螅状幼体暴露于不同茶皂素浓度中的死亡率

三、小结

在第五章第二节中，我们模拟海月水母碟状幼体暴发的仿刺参养殖池，初步发现海月水母碟状幼体对仿刺参的生理可能会产生影响，造成仿刺参身体机能下降、呼吸率降低、蜕皮频率增加等现象。针对这些问题，我们在查阅各种资料及文献，结合仿刺参养殖户的经验之后，模拟使用茶皂素对海月水母螅状幼体和碟状幼体进行灭杀。本实验中海月水母螅状幼体和碟状幼体的死亡机制尚未探明，可能与上述研究中鱼类的死亡机制相同。主要通过降低细胞与水分子的表面张力使其涨破溶解、降低其摄氧量造成机体缺氧等。48小时海月水母螅状幼体和碟状幼体对茶皂素的LC50值仅仅为0.4毫克/升和1.0毫克/升，即低浓度茶皂素中出现较高的死亡率，因此我们认为茶皂素在控制海参养殖池的海月水母螅状幼体和碟状幼体方面效果良好，是一种理想有效的生物农药制剂。然而，养殖户在使用茶皂素对养殖池中的海月水母螅状幼体和碟状幼体进行防治时，应注意茶皂素的使用剂量。目前茶皂素对海洋动物毒性影响的研究匮乏，根据现有研究，仿刺参对茶籽饼48小时暴露实验的LC50为135.25毫克/升，换算成茶皂素浓度为13.5～20.3毫克/升。此外基于Sparg等（2004）的研究，海参对茶皂素的安全浓度为1.3～2.0毫克/升。因此，我们建议仿刺参养殖池中防治海月水母螅状幼体和碟状幼体的茶皂素浓度应当低于1.3毫克/升。

早在20世纪仿90年代，浙江省围塘对虾养殖的池塘水体中也曾发现过水母，但当时池塘换水多采用大排大进的方式，换水时水母容易黏附在换水拦网上死亡，因此一般不会出现养殖池内水母聚集性发生。但目前围塘对虾养殖以精养、高密度、虾蟹多品种立体综合养殖的方式为主，换水方式多为每日少量添加水；因此水母极易在稳定的池塘水环境中繁殖，而且在养殖池塘经过消毒的海水中也会大量发生，且生长相当迅速。生产单位采用人工的方法捞除水母，既费力，而且在短时间内也无法清除，所以清除水母成为围塘养殖单位较为棘手的难题。利用茶皂素清除水母是一种快速、简单、有效的方法，对甲壳类和海参等生物滨海池塘养殖具有重要的意义，有望对水产养殖中水母灾害的防治做出重要贡献。

第三节　生石灰对海月水母的毒性作用实验

生石灰是一种广谱的灭菌药物，主要有效成分为CaO，在实际的养殖生产中应用广泛。生石灰中的CaO和水发生反应生成$Ca(OH)_2$，释放大量的热并使水体的pH值瞬间增加，促使水体生物体内的蛋白质变性。养殖户进行池塘清理时，常使用生石灰开展灾害生物的杀灭。

一、实验材料及方法

1. 实验动物采集及暂养

海月水母成体样品与本章第二节中的海月水母为同批采集样品，带回实验室后进行相同的处理和暂养操作，直至获得1日龄海月水母碟状幼体（详见本章第二节）。

2. 生石灰暴露

生石灰浓度梯度设置为 0毫克/升、2毫克/升、 4毫克/升、 8毫克/升、16毫克/升，实验过程中使用0.22微米滤膜过滤的海水。实验温度设置为16℃，盐度在31.5，光照：黑暗为12小时：12小时。

每个浓度设置4个平行，每个平行10只碟状幼体，每只碟状幼体放到1个孔内，每个浓度使用1个24深孔板。观察记录时间分别为第24小时和第48小时。记录碟状幼体每分钟收缩次数和静止碟状幼体个体数目，每只碟状幼体记录三次，取平均值。

二、实验结果及分析

实验发现，生石灰对海月水母碟状幼体具有较强的毒性作用。海月水母碟状幼体在浓度为4毫克/升水体中暴露24小时的死亡率达80%以上（图7–7）。在贝类、海参等底栖生物养殖塘中可以利用生石灰水杀灭池塘水体中上层小型水母以及钵水母碟状幼体。

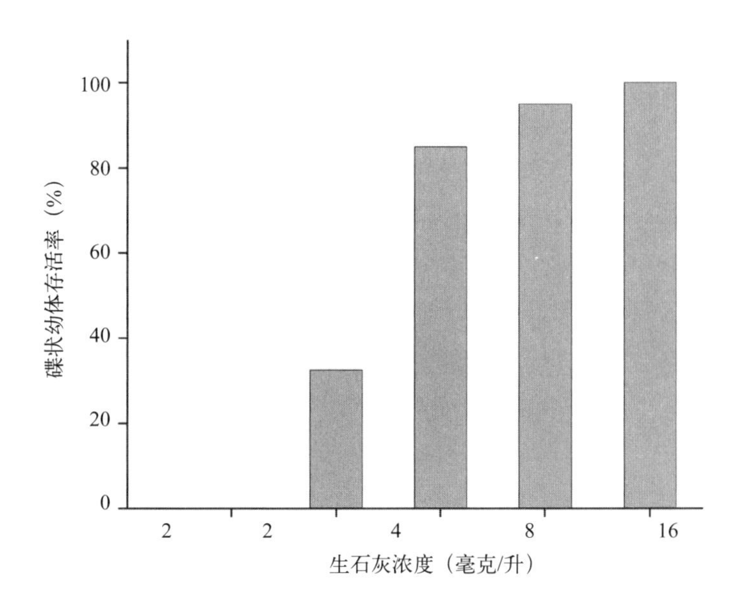

图7–7　海月水母暴露于不同浓度生石灰水24小时的死亡率

药物毒杀只能针对养殖池等小范围水体的治理，在开阔的大面积养殖区域，药物使用破坏生态环境，危害生态平衡。最终还要探索新型养殖模式，在有效控制水母灾害的同时，使水产养殖对海洋生态的影响降到最低。

第四节　韩国治理海月水母的案例分析

韩国海域已连续多年出现海月水母暴发现象，造成了巨大的社会和经济问题。尤其是其西部和南部沿海地区出现大规模水母暴发现象的报道越来越多，这引起了其管理部门的重视，为此建立了两种防治措施：一种是用渔网清除水母；另一种是在必要时调查并清除水螅体。

一、水母体治理方法

韩国对水母体的清除始于2009年，这是一项主动措施，旨在减少大量暴发的水母体对渔业活动的直接损害。措施是在水母暴发的海域布设了各种尺寸的圆锥形网，这些圆锥形网的网体是由3层钢丝网制成的特殊设计。第一层的网格最大（约10厘米），其次是第二层网格（约5厘米），最后一层网格最小（约3厘米）。网格根据水母种类而变化。水母体清除是由地方政府雇用的地方渔民实施的，韩国海洋和渔业部提供资金，该部每年将预算分配给当地政府。韩国国立水产科学研究所根据水母丰度以及对当地渔业造成预期危害程度，决定是否开展清除水母体行动。

二、水螅体治理方法

解决水母暴发问题的另一项措施涉及调查、量化和清除水螅体。其具体目的是减少水螅体的种群数量，防止水螅体释放大量的碟状幼体，从而缩小水母的种群数量。韩国自2009年以来，已对海月水母的水螅体进行了调查，发现了位于Geyonggi的西瓦湖、全罗北道的新万金湖、全罗南道的Gamak湾和庆尚南道的马山湾分布了数量超过5×10^9个的海月水母水螅体个体。自2012年开始，韩国当地政府对这些地区的水螅体进行调查和清除，目前这项工作仍在继续。

1. 野外潜水调查

潜水员进行水下水螅体种群调查，拍照并取样。用肉眼粗略估计分布和大概密度（大约1平方米的单位面积内的水螅体种群数，以及种群中的水螅体估计数），对高密度分布区域用水下相机进行详细调查。为了更精确地评估水螅体，引入了不锈钢或PVC网格（50厘米×50厘米）和专门设计的比例尺（长度：25厘米；外部高度：15厘米；内部高度：10厘米）协助调查。

2. 水螅幼体种群定量

在实验室中，每张照片都通过图像分析程序（Basic Research，Nikon NIS Elements，日本）进行分析。对水螅体计数并转换为密度和总丰度，再量化通过近距离测量被调查的面积。潜水员还使用配备的高清照相机分析了底物上（通常是牡蛎和贻贝壳）的水螅体样品的三维分布（图7-8），分析三维照片，并将获得的信息用于校正潜水员现场拍摄的二维照片。

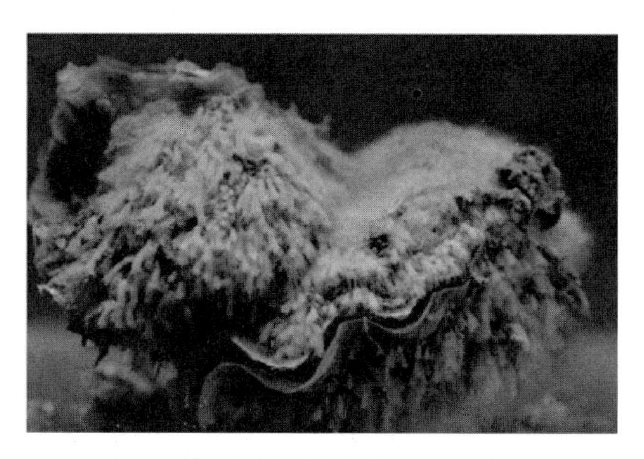

图7-8　牡蛎壳上的水螅体样品的三维分布图

3. 水螅体清除及再调查

常利用5 000～16 000千帕高压水枪清除。对于水枪无法有效清除的水螅体，例如附着在牡蛎壳上的水螅体，则使用刮刀人工铲除。韩国地方政府已对西瓦湖、新万金湖礁石以及马山湾码头混凝土上的高密度水螅种群进行了清除；并在清除水螅体后，对该区域进行了海月水母种群的重新调查和量化。

西瓦湖在2012年清除水螅体后，水母的数量连续3年下降，2016年下降至以前的25%。清除工程的第一年约清除了1.49×10^9个水螅体，这表明水螅体清除效率可观。在2016年，水母的密度再次升高，推测原因之一可能来源于该区域剩余的水螅体通过无性繁殖扩增种群，导致水母在湖中再次大量发生；原因之二可能是附近地区的成体水母被引入该区域，2015—2017年京畿道地区的水螅体调查发现了约26个分布密度较大的区域，这些区域中海月水母的引入可能与西瓦湖中水螅体和水母的再次大量发生密不可分。

新万金湖的水母密度趋于增加，这表明该区域水螅体清除效果不佳。这可能是由于与堤防的总长度（33.9千米）相比，清除的区域（4.5千米）太小；清除的水螅体（0.25×10^9个）较少。最初的水螅体丰度约为2.36×10^9个，而2016—2017年对附近地区水螅体的调查显示还有20个区域总计约0.09×10^9个水螅，它们可能与新万金湖中水螅体和水母的补充有关。

马山湾水母数量略有增加，但并不表明2013年和2014年水螅体清除工作没有产生积极影响。造成这种情况的原因可能与新万金湖的原因相同。清理了大约一半的区域（3.3千米，整体6.3千米），清除了大约一半的水螅体（0.307×10^9个，总量0.630×10^9个），但附近还存在其他高密度区域。尽管与新万金湖相比，马山湾清理区域的比例更高，清除率也更高。实际上马山湾是金海湾的最内部，它由几个小海湾组成，朝鲜半岛南部沿海水域可以流经金海湾，进而通过统营河道流入马山湾。在这些区域中至少有77个区域存在高密度的水螅体种群，其总量超过 0.22×10^9 个，因此相对新万金湖和西瓦湖，马山湾更容易形成海月水母再暴发。

三、小结

研究发现，水螅体清除比水母体清除成本更低；清除水螅体的效果比清除水母体的效果更持久。但清除水螅体的效果可能会根据邻近区域高密度水螅种群的存在而变化，如果区域之间连通性高，则清除水螅体的效果可能很小，甚至没有。因此，对于未来的水螅体清除活动，建议应在目标区域基础上进行更彻底的水螅体调查，分析与水循环有关的密度和总丰度数据，并同时清除附近区域的水螅体。

目前，国内对于水产养殖中水母暴发影响的研究相对较少，但是养殖中水母灾害造成的问题愈发凸显。当前还没有相对完善的可以进行实际应用的方法和措施，这方面将是水母研究十分重要而有价值的领域。

由于国内对大型水母的研究起步比较晚，与国外相比还有很大差距。在水母迁移方面的研究主要体现在水母漂移聚集机理，而监测和预警等方面的研究不够完善，缺乏近海水母相关监测数据，无法准确了解水母的自主运动规律和生态学特性，并在数值模式中进行参数化。因此，建议（1）借鉴新西兰斯旺西大学和日本研究机构的经验，对不同种类的水母通过系统的室内和海上试验，进行反复多次跟踪试验，以了解水母的运动特征，确定水母物理–生态学参数；（2）改进和规范水母监测技术，利用传统的监测方法结合声学调查、岸基调查、航空遥感调查和水下摄像调查，进行数据融合，结合海洋遥感和地理信息系统，建立和完善海洋水母业务化立体监测系统，为今后水母物理–生态模型参数化提供依据，为模型初始和验证场提供可靠的数据；（3）结合我国水母实验和监测数据，研究水母漂流聚集的气象和水文动力相关因子和主要生态动力学因子，借鉴国外水母生态模型建立的经验，根据我国近海水母的生活习性，建立我国近海的水母生态–动力预测模式，并结合目前已使用传统预测和集合预测方法，完善我国近海大型水母的业务化预测预警系统，提高预测预警的准确度。

中国拥有广阔的海域和漫长的海岸线，是海洋渔业大国。但我国现在海水养殖主要集中在海湾和近岸的狭窄区域，而这些区域正是水母生存繁殖的场所。随着海洋渔业资源的日渐枯竭，大力发展海洋水产养殖又是我们必须选择的道路，因此，健康海水养殖和海洋牧场建设将是解决我国渔业资源问题和生态问题的重要途径。当下，我们必须大力发展养殖技术和完善养殖模式，解决水产养殖对生态环境的负面影响，加大对海洋生态环境的保护和修复力度，实现渔业生产和生态环境的和谐发展。

参考文献

安萍. 2019. 依靠科技发展沿海滩涂水产养殖业的建议[J]. 山西农经, 10:112.

毕庶万, 于光溥, 时光营, 等. 1995. 黄渤海的鲈鱼资源及增养殖概况[J]. 水产科技情报, 22(4):181-183.

曹万云, 肖鲁湘, 王德, 等. 2018. 黄渤海近海海藻养殖规模及固碳强度时空分布[J]. 海洋科学, 42(4):112-119.

陈昭廷, 李琪, 庄志猛, 等. 2015. 海月水母排精诱导及胚胎发育研究[J]. 水产学报, 39(10): 1459-1466.

程方平, 王敏晓, 王彦涛, 等. 2012. 中国北方习见水母类的DNA条形码分析[J]. 海洋与湖沼, 43(3):451-459.

程海, 袁跃峰, 李德然. 2019. 贻贝养殖及加工综述[J]. 农村经济与科技, 30(17):81-85.

程家骅, 姜亚洲. 2010. 海洋生物资源增殖放流回顾与展望[J]. 中国水产科学, 17(3):610-617.

董婧, 姜连新, 孙明, 等. 2013. 渤海与黄海北部大型水母生物学研究. 北京: 海洋出版社.

杜佳垠. 2007. 大连裙带复合生态养殖生产现状与发展远景[J]. 渔业经济研究, 1:7-10.

冯继兴, 许修明, 吴雪, 等. 2016. 贝类筏式养殖产业发展的主要问题及对策[J]. 水产养殖, 37(3):39-40.

付瑶, 董志军, 刘东艳. 2012. 海月水母无性生殖的影响因子[J]. 生态科学, 31(03):335-339.

高哲生, 李凤鲁, 张云美, 等. 1958. 山东沿海水螅水母的研究(一)[J]. 山东大学学报(自然科学), 1:75-118.

葛立军, 何德民. 2004. 生态危机的标志性信号——霞水母旺发, 今年辽东湾海蜇大面积减产[J]. 中国水产, 9:23-25.

韩成格. 1989. 长海县海珍品底播增殖现状[J]. 水产科学, 4:23-25.

何书金, 李秀彬, 刘盛和. 2002. 环渤海地区滩涂资源特点与开发利用模式[J]. 地理科学进展, 21(1):25-34.

洪万树, 张其永. 2001. 我国海水鱼类养殖的现状、问题与对策(上)[J]. 科学养鱼, 9:12-13.

胡玉林. 2016. 海参养殖现状与未来发展趋势[J]. 乡村科技, 2:95-96.

黄华伟, 王印庚. 2007. 海参养殖的现状、存在问题与前景展望[J]. 中国水产, 10:50-53.

黄凯, 王武. 2002. 南美白对虾国外养殖发展概况及我国养殖现状、存在的问题与对策[J]. 内陆水产, 8:41-43.

康慧宇, 杨正勇, 张智一. 2018. 我国海藻产业发展研究[J]. 海洋开发与管理, 35(6):11-14.

雷霁霖, 刘新富, 关长涛. 2012. 中国大菱鲆养殖20年成就和展望[J]. 渔业科学进展, 33(4): 123-130.

雷霁霖. 2005. 鲆鲽类养殖新形势和发展动向[J]. 科学养鱼, 1:34-35.

李成军, 雷帅. 2016. 刺参吊笼养殖技术[J]. 现代农业, 8:11-13.

李成林, 宋爱环, 胡炜, 等. 2011. 山东省扇贝养殖产业现状分析与发展对策[J]. 海洋科学, 35(3):92-98.

李宏基. 1991. 我国裙带菜*Undaria pinnatifida* (Harv.) Suringar养殖技术研究的进展[J]. 现代渔业信息, 6(6):1-4.

李玉龙, 董婧, 王彬, 等. 2016. 基于线粒体 COI 基因的海蜇不同地理群体遗传特征[J]. 应用生态学报, 27(7):2340-2347.

林德芳, 黄文强, 关长涛. 2002. 我国海水网箱养殖的现状、存在的问题及今后课题[J]. 齐鲁渔业, 1:21-23+49.

刘春洋, 王文波, 董婧, 等. 2009. 黄斑海蜇的生活史及几种钵水母类螅状体形态特征的比较[J]. 渔业科学进展, 30(4):102-107.

刘萍. 2015. 山东近岸典型海湾浮游动物群落时空分布和长期变化特征[D]. 中国海洋大学.

刘青青, 于洋, 孙婷婷, 等. 2018. 温度对海月水母浮浪幼虫的影响[J]. 生态科学, 37(3):169-175.

刘秋明, 李美真, 胡炜, 等. 2002. 科技进步在我省海带养殖业发展中的地位与作用[J]. 齐鲁渔业, 7:17-18.

刘鹰, 刘宝良. 2012. 我国海水工业化养殖面临的机遇和挑战[J]. 渔业现代化, 39(6):1-4+9.

罗毅志, 叶雪平, 施伟达. 2005. 茶皂素清除虾蟹池野杂鱼安全高效[J]. 农村养殖技术, 1:23.

马广文, 王萍萍, 邵明丽. 2008. 网箱吊笼养殖刺参技术研究[J]. 齐鲁渔业, 7:5+15-16.

农业农村部渔业渔政管理局, 全国水产技术推广总站, 中国水产学会. 2020. 中国渔业统计年鉴[M]. 北京: 中国农业出版社.

牛化欣, 常杰. 2011. 我国沿海滩涂水产养殖的发展现状与开发利用前景[J]. 科学养鱼, 10:4-5.

潘绪伟, 杨林林, 纪炜炜, 等. 2010. 增殖放流技术研究进展[J]. 江苏农业科学, 4:236-240.

彭树锋, 王云新, 叶富良, 等. 2007. 国内外工厂化养殖简述[J]. 渔业现代化, 34(2):12-13+26.

邵国洱, 常抗美. 2004. 海水池塘养殖水体中芽口枝管水母的清除方法[J]. 上海水产大学学报, 1:75-77.

申欣, 孙松, 王海青, 等. 2008. 南极磷虾(*Euphausia superba*)线粒体基因组特征及其分子标记应用[J]. 海洋与湖沼, 5:446-454.

宋滨. 1992. 山东省长岛县形成我国最大海珍品底播养殖区[J]. 中国水产, 11:17.

宋金明, 马清霞, 李宁, 等. 2012. 沙海蜇(*Nemopilema nomurai*)消亡过程中海水溶解氧变化的模拟研究[J]. 海洋与湖沼, 43(3):502-506.

孙婷婷, 董志军, 梁丽琨. 2018. 盐度对海月水母幼体行为、附着和无性生殖的影响[J]. 应用海洋学学报, 37(1):53-59.

田金良. 1987. 胶州湾钩手水母初探[J]. 生物学杂志, 1:17-18.

涂忠, 卢晓, 董天威, 等. 2019. 制约增殖放流工作高质量发展的问题分析与对策建议[J]. 中国水产, 7:16-19.

王波, 韩立民. 2017. 我国贝类养殖发展的基本态势与模式研究[J]. 中国海洋大学学报(社会科学版), 3:5-12.

王建艳, 甄毓, 王国善, 等. 2013. 基于mt-16S rDNA和mt-COI基因的海月水母分子生物学鉴定方法和检测技术[J]. 应用生态学报, 24(3):847-852.

王军, 韩家波, 王志松, 等. 2013. 辽宁省海水工厂化养殖业现状调查[J]. 河北渔业, 5:45-48.

王龙. 2019. 大连海参养殖发展现状及策略[J]. 内蒙古科技与经济, 10:14-15.

王朋鹏, 张芳, 孙松, 等. 2020. 2018年6月渤海大型水母分布特征[J]. 海洋与湖沼, 51(1):85-94.

王如才, 郑小东. 2004. 我国海产贝类养殖进展及发展前景[J]. 中国海洋大学学报(自然科学版), 34(5):775-780.

王儒胜. 2019. 海参海水养殖技术研究[J]. 畜禽业, 30(9):23-24.

王岩. 2004. 海水池塘养殖模式优化：概念、原理与方法[J]. 水产学报, 28(5):568-572.

辛乃宏, 张树森, 杨永海, 等. 2019. 天津海水工厂化养殖发展历程与现状分析[J]. 渔业现代化, 46(2):3-8.

徐永健, 钱鲁闽. 2004. 海水网箱养殖对环境的影响[J]. 应用生态学报, 15(3):532-536.

许振祖, 黄加祺. 2006. 福建沿海兰卡水母亚纲和花水母亚纲新属新种新记录记述（刺胞动物门、水螅水母纲）[J]. 厦门大学学报（自然科学版）, S2:233-249.

许振祖, 黄加祺, 林茂, 等. 2014. 中国刺胞动物门水螅虫总纲[M]. 北京: 海洋出版社.

薛超波, 王国良, 金珊. 2004. 海洋滩涂贝类养殖环境的研究现状[J]. 生态环境学报, 13(1):116-118.

杨牧, 蒋巍. 2018. 海水底播增养殖成本核算问题[J]. 合作经济与科技, 20:139-141.

于瑞海, 李琪, 王照萍, 等. 2008. 我国北方太平洋牡蛎育苗及养殖现状[J]. 科学养鱼, 6:3-5.

张芳, 孙松, 李超伦. 2009. 海洋水母类生态学研究进展[J]. 自然科学进展, 19(2):121-130.

张海清, 王子军. 2014. 工厂化海水养殖产业发展的可持续性研究[J]. 海洋开发与管理, 31(12):109-115.

张盼盼, 杨锐, 吴小凯. 2014. 江苏省条斑紫菜产业现状调研[J]. 宁波大学学报(理工版),

27(1):18-22.

张秀梅, 王熙杰, 涂忠, 等. 2009. 山东省渔业资源增殖放流现状与展望[J]. 中国渔业经济, 27(2):51-58.

赵广苗. 2006. 当前我国的海水池塘养殖模式及其发展趋势[J]. 水产科技情报, 33(5):206-207+211.

郑凤英, 陈四清, 倪佳. 2010. 海月水母的生物学特征及其爆发[J]. 海洋科学进展, 28(1):126-132.

仲霞铭, 汤建华, 刘培廷. 2004. 霞水母(*Cyanea nozakii* Kisninouye)暴发与海洋生态之关联性探讨[J]. 现代渔业信息, 19(3):15-17.

周太玄, 黄明显. 1958. 烟台水螅水母类的研究[J]. 动物学报, 2:173-197.

周玮, 孙俭, 王俊杰, 等. 2008. 我国海胆养殖现状及存在问题[J]. 水产科学, 27(3):151-153.

朱林, 车轩, 刘兴国, 等. 2019. 对虾工厂化养殖研究进展[J]. 山西农业科学, 47(7):1288-1290+1294.

Abouna S, Gonzalez-Rizzo S, Grimonprez A, et al. 2015. First description of sulphur-oxidizing bacterial symbiosis in a cnidarian (Medusozoa) living in sulphidic shallow-water environments[J]. PLoS One, 10(5):e0127625.

Alasehir E A, Ipek B O, Thomas D T, et al. 2020. *Ralstonia insidiosa* neonatal sepsis:a case report and review of the literature[J]. Journal of Pediatric Infectious Diseases, 15(3): 148-151.

Almeda R, Wambaugh Z, Chai C, et al. 2013. Effects of crude oil exposure on bioaccumulation of polycyclic aromatic hydrocarbons and survival of adult and larval stages of gelatinous zooplankton[J]. PLoS One, 8(10):e74476.

Altamiranda M, Acuicultor M S V, Boris Briñez R. 2011. Presence of *Spiroplasma penaei* in plankton, benthos and fauna in shrimps farms of Colombia[J]. Revista MVZ Cordoba, 16(2):2576-2583.

Altug G, Gurun S, Cardak M, et al. 2012. The occurrence of pathogenic bacteria in some ships' ballast water incoming from various marine regions to the Sea of Marmara, Turkey[J]. Marine Environmental Research, 81:35-42.

Arai M N, Hay D E. 1982. Predation by medusae on *Pacific herring* (Clupea harengus pallasi) larvae[J]. Canadian Journal of Fisheries and Aquatic Sciences, 39(11):1537-1540.

Arai M N. 2001. Pelagic coelenterates and eutrophication: a review[J]. Hydrobiologia, 451:69-87.

Austin B, Austin D A, Blanch A R, et al. 1997. A comparison of methods for the typing of fish-pathogenic *Vibrio* spp. [J]. Systematic and Applied Microbiology, 20(1):89-101.

Avendano-Herrera R, Irgang R, Sandoval C, et al. 2016. Isolation, characterization and virulence potential of *Tenacibaculum dicentrarchi* in Salmonid Cultures in Chile[J]. Transboundary and Emerging Diseases, 63(2):121-126.

Bakunina I, Nedashkovskaya O, Balabanova L, et al. 2013. Comparative analysis of glycoside hydrolases activities from phylogenetically diverse marine bacteria of the genus *Arenibacter*[J]. Marine Drugs, 11(6):1977-1998.

Ballard J W O, Melvin R G. 2010. Linking the mitochondrial genotype to the organismal phenotype[J]. Molecular Ecology, 19(8):1523-1539.

Basso L, Rizzo L, Marzano M, et al. 2019. Jellyfish summer outbreaks as bacterial vectors and potential hazards for marine animals and humans health? The case of *Rhizostoma pulmo* (Scyphozoa, Cnidaria)[J]. Science of the Total Environment, 692:305-318.

Bhosale S H, Nagle V L, Jagtap T G. 2002. Antifouling potential of some marine organisms from India against species of *Bacillus* and *Pseudomonas*[J]. Marine Biotechnology, 4(2):111-118.

Blockley A, Elliott D R, Roberts A P, et al. 2017. Symbiotic microbes from marine invertebrates: driving a new era of natural product drug discovery[J]. Diversity, 9(4):49.

Bolton T F, Graham W M. 2004. Morphological variation among populations of an invasive jellyfish[J]. Marine Ecology Progress Series, 278:125-139.

Bolton T F, Graham W M. 2006. Jellyfish on the rocks: Bioinvasion threat of the international trade in aquarium live rock[J]. Biological Invasions, 8(4):651-653.

Brekhman V, Malik A, Haas B. 2015. Transcriptome profiling of the dynamic life cycle of the scypohozoan jellyfish *Aurelia aurita*[J]. BMC Genomics, 16:74.

Brewer R H. 1978. Larval Settlement Behavior in the Jellyfish *Aurelia aurita* (Linnaeus) (Scyphozoa: Semaeostomeae)[J]. Estuaries, 1(2):120-122.

Carmen García M, Trujillo L A, Carmona J A, et al. 2019. Flow, dynamic viscoelastic and creep properties of a biological polymer produced by *Sphingomonas* sp. as affected by concentration[J]. International Journal of Biological Macromolecules, 125:1242-1247.

Case R J, Longford S R, Campbell A H, et al. 2011. Temperature induced bacterial virulence and bleaching disease in a chemically defended marine macroalga[J]. Environmental Microbiology, 13(2):529-537.

Chapman N D, Moore C G, Harries D B, et al. 2012. The community associated with biogenic reefs formed by the polychaete, *Serpula vermicularis*[J]. Journal of the Marine Biological Association of the United Kingdom, 92(4):679-685.

Chen J. 2004. Present status and prospects of sea cucumber industry in China[A]. In: Lovatelli A, Conand C, Purcell S W, et al. (eds) Advances in sea cucumber aquaculture and management[C]. FAO Fisheries Technical Paper 463. FAO, Rome, 25-38.

Chen Q Q, Zhu Y R. 2012. Holocene evolution of bottom sediment distribution on the continental shelves of the Bohai Sea, Yellow Sea and East China Sea[J]. Sedimentary Geology, 273: 58-72.

Chen X T, Li X Y, Xu Z, et al. 2020. The distinct microbial community in *Aurelia coerulea* polyps versus medusae and its dynamics after exposure to Co-60-gamma radiation[J]. Environmental Research, 188:109843.

Cleary D F R, Becking L E, Polónia A R M, et al. 2016. Jellyfish-associated bacterial communities and bacterioplankton in Indonesian Marine lakes[J]. FEMS Microbiology Ecology, 92(5):fiw064.

Clinton M, Kintnera AH, Delannoy C M J, et al. 2020. Molecular identification of potential aquaculture pathogens adherent to cnidarian zooplankton[J]. Aquaculture, 518:724801.

Colin S P, Costello J H, Hansson L J, et al. 2010. Stealth predation and the predatory success of the invasive ctenophore *Mnemiopsis leidyi*[J]. Proceedings of the National Academy of Sciences of the United States of America, 107(40):17223-17227.

Collado L, Figueras M J. 2011. Taxonomy, epidemiology, and clinical relevance of the genus *Arcobacter*[J]. Clinical Microbiology Reviews, 24(1):174-192.

Condon R H, Steinberg D K, del Giorgio P A, et al. 2011. Jellyfish blooms result in a major microbial respiratory sink of carbon in marine systems[J]. Proceedings of the National Academy of Sciences of the United States of America, 108(25):10225-10230.

Cortés-Lara S, Urdiain M, Mora-Ruiz M, et al. 2015. Prokaryotic microbiota in the digestive cavity of the jellyfish *Cotylorhiza tuberculata*[J]. Systematic and Applied Microbiology, 38(7):494-500.

Costello J H, Mathieu H W. 1995. Seasonal abundance of medusae in Eel Pond, Massachusetts, USA during 1990-1991[J]. Journal of Plankton Research, 17(1):199-204.

Daley M C, Urban-Rich J, Moisander P H. 2016. Bacterial associations with the hydromedusa *Nemopsis bachei* and scyphomedusa *Aurelia aurita* from the North Atlantic Ocean[J]. Marine Biology Research, 12(10):1088-1100.

Dang H, Lovell C R. 2016. Microbial surface colonization and biofilm development in marine environments[J]. Microbiology and Molecular Biology Reviews, 80(1):91-138.

Daniel F R C, Ana R M P. 2020. Marine lake populations of jellyfish, mussels and sponges host compositionally distinct prokaryotic communities[J]. Hydrobiologia, 847(15):3409-3425.

Daniels C, Breitbart M. 2012. Bacterial communities associated with the ctenophores *Mnemiopsis leidyi* and *Beroe ovata*[J]. FEMS Microbiology Ecology, 82(1):90-101.

Davis J, Fricke W F, Hamann M T, et al. 2013. Characterization of the bacterial community of the chemically defended Hawaiian sacoglossan *Elysia rufescens*[J]. Applied and Environmental Microbiology, 79(22):7073-7081.

Dawson M N, Gupta A S, England M H. 2005. Coupled biophysical global ocean model and molecular genetic analyses identify multiple introductions of cryptogenic species[J]. Proceedings of the National Academy of Sciences of the United States of America, 102(34):11968-11973.

Dawson M N, Jacobs D K. 2001. Molecular evidence for cryptic species of *Aurelia aurita* (Cnidaria, Scyphozoa)[J]. Biological Bulletin, 200(1):92-96.

Dawson M N. 2003. Macro-morphological variation among cryptic species of the moon jellyfish, *Aurelia* (Cnidaria: Scyphozoa)[J]. Marine Biology, 143(2):369-379.

De Lorgeril J, Lucasson A, Petton B, et al. 2018. Immune-suppression by OsHV-1 viral infection causes fatal bacteraemia in Pacific oysters[J]. Nature Communications, 9:4215.

Deidun A, Sciberras J, Sciberras A, et al. 2017. The first record of the white-spotted Australian jellyfish *Phyllorhiza punctata* von Lendenfeld, 1884 from Maltese waters (western Mediterranean) and from the Ionian coast of Italy[J]. Bioinvasions Record, 6(2):119-124.

Delannoy C M J, Houghton J D R, Flemin N E C, et al. 2011. Mauve stingers(*Pelagia noctiluca*) as carriers of the bacterial fish pathogen *Tenacibaculum maritimum*[J]. Aquaculture, 311(1-4):255-257.

Dinasquet J, Titelman J, Moller L F, et al. 2012. Cascading effects of the ctenophore *Mnemiopsis leidyi* on the planktonic food web in a nutrient-limited estuarine system[J]. Marine Ecology Progress Series, 490:49-61.

Dong Z J, Liu D Y, Keesing J K. 2010. Jellyfish blooms in China: dominant species, causes and consequences[J]. Marine Pollution Bulletin, 60(7):954-963.

Dong Z J, Liu D Y, Keesing J K. 2014. Contrasting trends in populations of *Rhopilema esculentum* and *Aurelia aurita* in Chinese waters[A]. In Pitt K, Lucas C. (eds) Jellyfish blooms[C], Berlin:Springer-Verlag, 207-218.

Dong Z J, Liu D Y, Wang Y J, et al. 2012. A report on moon jellyfish *Aurelia aurita* bloom in Sishili bay, northern Yellow Sea of China in 2009[J]. Aquatic Ecosystem Health &

Management, 15(2):161-167.

Dong Z J, Sun T T. 2018. Combined effects of ocean acidification and temperature on planula larvae of the moon jellyfish *Aurelia coerulea*[J]. Marine Environmental Research, 139:144-150.

Dong Z J, Wang F H, Peng S J, et al. 2019. Effects of copper and reduced salinity on the early life stages of the moon jellyfish *Aurelia coerulea*[J]. Journal of Experimental Marine Biology and Ecology, 513:42-46.

Dubert J, Barja J L, Romalde J L. 2017. New insights into pathogenic Vibrios affecting bivalves in hatcheries:present and future prospects[J]. Frontiers in Microbiology, 8:762.

Edgar R C, Haas B J, Clemente J C, et al. 2011. UCHIME improves sensitivity and speed of chimera detection[J]. Bioinformatics, 27(16):2194-2200.

Edgar R C. 2013. UPARSE: highly accurate OTU sequences from microbial amplicon reads[J]. Nature methods, 10(10):996-998.

Edwards C. 1978. The hydroids and medusae *Sarsia occulta* sp. nov., *Sarsia tubulosa* and *Sarsia loveni*[J]. Journal of the Marine Biological Association of the United Kingdom, 58(2):291-311.

EI-Jakee J, Elshamy S, Hassan A W, et al. 2020. Isolation and characterization of *Mycoplasmas* from some moribund Egyptian fishes[J]. Aquaculture International, 28(3):901-912.

Fang Q Q, Feng Y, Feng P, et al. 2019. Nosocomial bloodstream infection and the emerging carbapenem-resistant pathogen *Ralstonia insidiosa*[J]. BMC Infectious Diseases, 19:334.

Feng S, Wang S W, Zhang G T, et al. 2017. Selective suppression of in situ proliferation of scyphozoan polyps by biofouling[J]. Marine Pollution Bulletin, 114(2):1046-1056.

Ferguson H W, Delannoy C M J, Hay S, et al. 2010. Jellyfish as vectors of bacterial disease for farmed salmon (*Salmo salar*)[J]. Journal of Veterinary Diagnostic Investigation, 22(3):376-382.

Fernandez-Piquer J, Bowman J P, Ross T, et al. 2012. Molecular analysis of the bacterial communities in the live Pacific oyster (*Crassostrea gigas*) and the influence of postharvest temperature on its structure[J]. Journal of Applied Microbiology, 112(6):1134-1143.

Fringuelli E, Savage P D, Gordon A, et al. 2012. Development of a quantitative real-time PCR for the detection of *Tenacibaculum maritimum* and its application to field samples[J]. Journal of Fish Diseases, 35:579-590.

Gainer R S, Vergnaud G, Hugh-Jones M E. 2020. A review of arguments for the existence of latent infections of *Bacillus anthracis*, and research needed to understand their role in the outbreaks of anthrax[J]. Microorganisms, 8(6):800.

Gardiner M, Bournazos A M, Maturana-Martinez C, et al. 2017. Exoproteome analysis of the seaweed pathogen *Nautella italica* R11 reveals temperature-dependent regulation of RTX-Like proteins[J]. Frontiers in Microbiology, 8:1203.

González-Duarte M M, Megina C, López-González P J, et al. 2016. Cnidarian alien species in expansion[J]. In: Goffredo S, Dubinsky Z. (eds) The Cnidaria, Past, Present and Future[C]. Springer International Publishing, 139-160.

Govindarajan A F, Carman M R, Khaidarov M R, et al. 2017. Mitochondrial diversity in *Gonionemus* (Trachylina: Hydrozoa) and its implications for understanding the origins of clinging jellyfish in the Northwest Atlantic Ocean[J]. Peer J, 5:e3205.

Graham W M, Martin D L, Felder D L, et al. 2003. Ecological and economic implications of a tropical jellyfish invader in the Gulf of Mexico[J]. Biological Invasions, 5(1-2):53-69.

Granhag L, Moller L F, Hansson L J. 2011. Size-specific clearance rates of the ctenophore *Mnemiopsis leidyi* based on in situ gut content analyses[J]. Journal of Plankton Research, 33(7):1043-1052.

Grant W A S, Bowen B W. 1998. Shallow population histories in deep evolutionary lineages of marine fishes: insights from sardines and anchovies and lessons for conservation[J]. Journal of Heredity, 89(5):415-426.

Grossart H P, Tang K W. 2010. www. aquaticmicrobial. net[J]. Communicative & Integrative Biology. 3(6):491-494.

Gupta N, Khatoon N, Mishra A, et al. 2020. Structural vaccinology approach to investigate the virulent and secretory proteins of *Bacillus anthracis* for devising anthrax next-generation vaccine[J]. Journal of Biomolecular Structure & Dynamics, 38(16):4895-4905.

Guthrie A L, White C L, Brown M B, et al. 2013. Detection of *Mycoplasma agassizii* in the texas tortoise (*Gopherus berlandieri*)[J]. Journal of Wildlife Diseases, 49(3):704-708.

Haas B J, Gevers D, Earl A M, et al. 2011. Chimeric 16S rRNA sequence formation and detection in Sanger and 454-pyrosequenced PCR amplicons[J]. Genome Research, 21(3):494-504.

Habib C, Houel A, Lunazzi A, et al. 2014. Multilocus sequence analysis of the marine bacterial genus *Tenacibaculum* suggests parallel evolution of fish pathogenicity and endemic colonization of aquaculture systems[J]. Applied and Environmental Microbiology, 80(17):5503-5514.

Haddad M A, Nogueira Jr M. 2006. Reappearance and seasonality of *Phyllorhiza punctata* von Lendenfeld (Cnidaria, Scyphozoa, Rhizostomeae) medusae in southern Brazil[J]. Revista Brasileira de Zoologia, 23(3):824-831.

Han Q X, Keesing J K, Liu D Y. 2016. A review of sea cucumber aquaculture, ranching, and stock enhancement in China[J]. Reviews in Fisheries Science & Aquaculture, 24(4):326-341.

Hansson L J, Moeslund O, Kiørboe T, et al. 2005. Clearance rates of jellyfish and their potential predation impact on zooplankton and fish larvae in a neritic ecosystem (Limfjorden, Denmark)[J]. Marine Ecology Progress Series, 304:117-131.

Hao W J, Gerdts G, Holst S, et al. 2019. Bacterial communities associated with scyphomedusae at Helgoland Roads[J]. Marine Biodiversity, 49(3):1489-1503.

Hao W J, Gerdts G, Peplies J, et al. 2015. Bacterial communities associated with four ctenophore genera from the German Bight (North Sea)[J]. FEMS Microbiology Ecology, 91(1):1-11.

Hao W J. 2014. Bacterial community associated with jellyfish[D]. Bremen University.

Harrison J S. 2004. Evolution, biogeography, and the utility of mitochondrial 16s and COI genes in phylogenetic analysis of the crab genus *Austinixa* (Decapoda: Pinnotheridae)[J]. Molecular Phylogenetics and Evolution, 30(3):743-754.

He H, Li M Y, Zhen Y, et al. 2020. Bacterial and archaeal communities in sediments from the Adjacent Waters of Rushan Bay (China) revealed by Illumina sequencing[J]. Geomicrobiology Journal, 37(1):86-100.

He J R, Zheng L M, Zhang W J, et al. 2015. Life cycle reversal in *Aurelia* sp. 1 (Cnidaria, Scyphozoa)[J]. PLoS One, 10(12):e0145314.

Hočvar S, Malej A, Boldin B, et al. 2018. Seasonal fluctuations in population dynamics of *Aurelia aurita* polyps in situ with a modelling perspective[J]. Marine Ecology Progress Series, 591: 155-166.

Hofmann D K, Fitt W K, Fleck J. 1996. Checkpoints in the life-cycle of *Cassiopea* spp.: control of metagenesis and metamorphosis in a tropical jellyfish[J]. International Journal of Developmental Biology, 40(1):331-338.

Holst S, Jarms G. 2007. Substrate choice and settlement preferences of planula larvae of five Scyphozoa (Cnidaria) from German Bight, North Sea[J]. Marine Biology, 151(3):863-871.

Hoover R A, Purcell J E. 2009. Substrate preferences of scyphozoan *Aurelia labiata* polyps among common dock-building materials[J]. Hydrobiologia, 616:259-267.

Hudson J, Gardiner M, Deshpande N, et al. 2018. Transcriptional response of *Nautella italica*

R11 towards its macroalgal host uncovers new mechanisms of host-pathogen interaction[J]. Molecular Ecology, 27(8):1820-1832.

Inchuai R, Weerakun S, Nguyen H N, et al. 2021. Global prevalence of Chlamydial infections in reptiles: a systematic review and meta-analysis[J]. Vector-Borne and Zoonotic Diseases, 21(1):32-39.

Jani K, Bandal J, Rale V, et al. 2019. Antimicrobial resistance pattern of microorganisms isolated and identified from Godavari River across the mass gathering event[J]. Journal of Biosciences, 44(5):121.

Jaspers C, Weiland-Bräuer N, Rühlemann M C, et al. 2020. Differences in the microbiota of native and non-indigenous gelatinous zooplankton organisms in a low saline environment[J]. Science of the Total Environment, 734:139471.

Javad A D, Mohammad M S, Sayed-Amir M, et al. 2020. A systems-based approach for Cyanide overproduction by *Bacillus megaterium* for gold bioleaching enhancement[J]. Frontiers in Bioengineering and Biotechnology, 8:528.

Jernigan J A, Stephens D S, Ashford D A, et al. 2001. Bioterrorism-related inhalational anthrax: the first 10 cases reported in the United States[J]. Emerging Infectious Diseases, 7(6):933-944.

Joshi J, Srisala J, Truong V H, et al. 2014. Variation in *Vibrio parahaemolyticus* isolates from a single Thai shrimp farm experiencing an outbreak of acute hepatopancreatic necrosis disease (AHPND)[J]. Aquaculture, 428:297-302.

Jyothsna T S S, Rahul K, Ramaprasad E V V, et al. 2013. *Arcobacter anaerophilus* sp. nov., isolated from an estuarine sediment and emended description of the genus *Arcobacter*[J]. International Journal of Systematic and Evolutionary Microbiology, 63(12):4619-4625.

Kaleta E F, Taday E M A. 2003. Avian host range of *Chlamydophila* spp. based on isolation, antigen detection and serology[J]. Avian Pathology, 32(5):435-462.

Ki J S, Hwang D S, Shin K, et al. 2008. Recent moon jelly (*Aurelia* sp. 1) blooms in Korean coastal waters suggest global expansion: examples inferred from mitochondrial COI and nuclear ITS-5.8S rDNA sequences[J]. ICES Journal of Marine Science, 65(3):443-452.

Kik M, Heijne M, Ijzer J, et al. 2020. Fatal *Chlamydia avium* infection in captive picazuro pigeons, the Netherlands[J]. Emerging Infectious Diseases, 26(10):2520-2522.

Kramar M K, Tinta T, Lucic D, et al. 2019. Bacteria associated with moon jellyfish during bloom and post-bloom periods in the Gulf of Trieste (northern Adriatic)[J]. PLoS One,

14(1):e0198056.

Kramp P L. 1961. Synopsis of the medusae of the world[J]. Journal of the Marine Biological Association of the United Kingdom, 40:7-382.

Lasa A, Di Cesare A, Tassistro G, et al. 2019. Dynamics of the Pacific oyster pathobiota during mortality episodes in Europe assessed by 16S rRNA gene profiling and a new target enrichment next generation sequencing strategy[J]. Environmental Microbiology, 21(12): 4548-4562.

Lee C T, Chen I T, Yang Y T, et al. 2015. The opportunistic marine pathogen *Vibrio parahaemolyticus* becomes virulent by acquiring a plasmid that expresses a deadly toxin[J]. Proceedings of The National Academy of Sciences of The United States of America, 112(34):10798-10803.

Lee M D, Kling J D, Araya R, et al. 2018. Jellyfish life stages shape associated microbial communities, while a core microbiome is maintained across all[J]. Frontiers in Microbiology, 9:1534.

Lee P L M, Dawson M N, Neill S P, et al. 2013. Identification of genetically and oceanographically distinct blooms of jellyfish[J]. Journal of the Royal Society Interface, 10(80):20120920.

Li Y L, Kong X Y, Yu Z N, et al. 2009. Genetic diversity and historical demography of Chinese shrimp *Feneropenaeus chinensis* in Yellow Sea and Bohai Sea based on mitochondrial DNA analysis[J]. African Journal of Biotechnology, 8(7):1193-1202.

Liang T M, Li X L, Du J, et al. 2011. Identification and isolation of a spiroplasma pathogen from diseased freshwater prawns, *Macrobrachium rosenbergii*, in China: a new freshwater crustacean host[J]. Aquaculture, 318(1-2):1-6.

Liu J C, Sun X Y, Li M, et al. 2015. Vibrio infections associated with Yesso scallop (*Patinopecten yessoensis*) larval culture[J]. Journal of Shellfish Research, 34(2):213-216.

Liu J, Li F M, La Kim E, et al. 2011. Antibacterial polyketides from the jellyfish-derived fungus *Paecilomyces variotii*[J]. Journal of Natural Products, 74(8):1826-1829.

Loch T P, Faisal M. 2015. Emerging flavobacterial infections in fish: a review[J]. Journal of Advanced Research, 6(3):283-300.

Lopardo C R, Urakawa H. 2019. Performance and microbial diversity of bioreactors using polycaprolactone and polyhydroxyalkanoate as carbon source and biofilm carrier in a closed recirculating aquaculture system[J]. Aquaculture International, 27(5):1251-1268.

Lucas C H, Graham W M, Widmer C. 2012. Jellyfish life histories: role of polyps in forming and maintaining scyphomedusa populations[J]. Advances in Marine Biology, 63:133-196.

Lucas C H, Horton A A. 2014. Short-term effects of the heavy metals, silver and copper, on polyps of the common jellyfish, *Aurelia aurita*[J]. Journal of Experimental Marine Biology and Ecology, 461:154-161.

Lucas C H. 2001. Reproduction and life history strategies of the common jellyfish, *Aurelia aurita*, in relation to its ambient environment[J]. Hydrobiologia, 451(1-3):229-246.

Marques R, Albouy-Boyer S, Delpy F, et al. 2015. Pelagic population dynamics of *Aurelia* sp. in French Mediterranean lagoons[J]. Journal of Plankton Research, 37(5):1019-1035.

Martin M. 2011. Cutadapt removes adapter sequences from high-throughput sequencing reads[J]. EMBnet Journal, 17(1):10-12.

Mauritzen J J, Castillo D, Tan D M, et al. 2020. Beyond Cholera: characterization of *zot*-encoding filamentous phages in the marine fish pathogen *Vibrio anguillarum*[J]. Viruses-basel, 12(7):730.

Mayer A G. 1910. Medusae of the world[M]. Carnegie Institute, Vol. 3:499-735.

McGann P, Milillo M, Clifford R J, et al. 2013. Detection of New Delhi metallo-beta-lactamase (encoded by $bla_{\text{NDM-1}}$) in *Acinetobacter schindleri* during routine surveillance[J]. Journal of Clinical Microbiology, 51(6):1942-1944.

Menon R R, Kumari S, Kumar P, et al. 2019. *Sphingomonas pokkalii* sp. nov., a novel plant associated rhizobacterium isolated from a saline tolerant pokkali rice and its draft genome analysis[J]. Systematic and Applied Microbiology, 42(3):334-342.

Millar C I, Libby W J. 1991. Strategies for conserving clinal, ecotypic, and disjunct population diversity in widespread species[A]. In: Falk D A, Holsinger K E. (eds) Genetics and Conservation of Rare Plants[C]. New York: Oxford University Press, 149-170.

Mills C E. 1981. Diversity of swimming behaviors in hydromedusae as related to feeding and utilization of space[J]. Marine Biology, 64(2):185-189.

Miyake H, Terazaki M, Kakinuma Y. 2002. On the polyps of the common jellyfish *Aurelia aurita* in Kagoshima Bay[J]. Journal of Oceanography, 58(3):451-459.

Naumov D V. 1957. The life cycle of the hydromedusa *Cladonema pacifica Naumov*[J]. Doklady Akademii Nauk SSSR, 112(1):165-166.

Neigel J E, Avise J C. 1993. Application of a random walk model to geographic distributions of animal mitochondrial DNA variation[J]. Genetics, 135(4):1209-1220.

Neumann R. 1979. Bacterial induction of settlement and metamorphosis in the planula larvae of

Cassiopea andromeda (Cnidaria, Scyphozoa, Rhizostomeae)[J]. Marine Ecology Progress Series, 1(1):21-28.

Ovchinnikova T V, Balandin S V, Aleshina G M, et al. 2006. Aurelin, a novel antimicrobial peptide from jellyfish *Aurelia aurita* with structural features of defensins and channel-blocking toxins[J]. Biochemical and Biophysical Research Communications, 348(2):514-523.

Pagliarani S, Johnston S D, Beagley K W, et al. 2020. The occurrence and pathology of chlamydiosis in the male reproductive tract of non-human mammals: a review[J]. Theriogenology, 154:152-160.

Paillard C, Le Roux F, Borrego J J. 2004. Bacterial disease in marine bivalves, a review of recent studies: trends and evolution[J]. Aquatic Living Resources, 17(4):477-498.

Palumbi S R. 1994. Genetic divergence, reproductive isolation, and marine speciation[J]. Annual Review of Ecology and Systematics, 25(1):547-572.

Panigrahi A, Das R R, Sivakumar M R, et al. 2020. Bio-augmentation of heterotrophic bacteria in biofloc system improves growth, survival, and immunity of Indian white shrimp *Penaeus indicus*[J]. Fish & Shellfish Immunology, 98:477-487.

Pitt K A, Welsh D T, Condon R H. 2009. Influence of jellyfish blooms on carbon, nitrogen and phosphorus cycling and plankton production[J]. Hydrobiologia, 616:133-149.

Purcell J E, Hoover R A, Schwarck N T. 2009. Interannual variation of strobilation by the scyphozoan *Aurelia labiata* in relation to polyp density, temperature, salinity, and light conditions *in situ*[J]. Marine Ecology Progress Series, 375:139-149.

Purcell J E. 2005. Climate effects on formation of jellyfish and ctenophore blooms: a review[J]. Journal of the Marine Biological Association of the United Kingdom, 85(3):461-476.

Quast C, Pruesse E, Yilmaz P, et al. 2013. The SILVA ribosomal RNA gene database project:improved data processing and web-based tools[J]. Nucleic Acids Research, 41(D1):D590-D596.

Rajabi S, Darban D, Tabatabaei R R, et al. 2020. Antimicrobial effect of spore-forming probiotics *Bacillus laterosporus* and *Bacillus megaterium* against *Listeria monocytogenes*[J]. Archives of Microbiology, 202(10):2791-2797.

Ramšak A, Stopar K, Malej A. 2012. Comparative phylogeography of meroplanktonic species, *Aurelia* spp. and *Rhizostoma pulmo* (Cnidaria: Scyphozoa) in European seas[J]. Hydrobiologia, 690(1):69-80.

Razin S, Yogev D, Naot Y. 1998. Molecular biology and pathogenicity of *Mycoplasmas*[J].

Microbiology and Molecular Biology Reviews, 62(4):1094-1156.

Rees J T. 1982. The hydrozoan *Cladonema* in California: a possible introduction from East Asia[J]. Pacific Science, 36:439-444.

Ren C Y, Wang Z M, Zhang Y Z, et al. 2019. Rapid expansion of coastal aquaculture ponds in China from Landsat observations during 1984-2016[J]. International Journal of Applied Earth Observation and Geoinformation, 82:101902.

Schmahl G. 1985. Bacterially induced stolon settlement in the scyphopolyp of *Aurelia aurita* (Cnidaria, Scyphozoa)[J]. Helgolander Meeresuntersuchungen, 39(1):33-42.

Schuchert P. 2001. Survey of the family Corynidae (Cnidaria, Hydrozoa)[J]. Revue Suisse de Zoologie, 108(4):739-878.

Schuchert P. 2017. *Sarsia tubulosa* (M. Sars, 1835). World Hydrozoa database. Accessed at: http://www. marine species. org/aphia. php?p=taxdetails&id=117491 on 2017-08-09

Schuett C, Doepke H. 2010. Endobiotic bacteria and their pathogenic potential in cnidarian tentacles[J]. Helgoland Marine Research, 64(3):205-212.

Shahi N, Sharma P, Pandey J, et al. 2018. Characterization and pathogenicity study of *Chryseobacterium scophthalmum* recovered from gill lesions of diseased golden mahseer, *Tor putitora* (Hamilton, 1822) in India[J]. Aquaculture, 485:81-92.

Shen S, Wu W, Grimes D J, et al. 2020. Community composition and antibiotic resistance of bacteria in bottlenose dolphins *Tursiops truncatus*-Potential impact of 2010 BP Oil Spill[J]. Science of the Total Environment, 732:139125.

Sheng X Y, Dong Z J. 2018. Occurrence and Identification of the Hydromedusae *Sarsia tubulosa* (Hydrozoa, Corynidae) in Chinese coastal waters[J]. Journal of Ocean University of China, 17(6):1418-1422.

Slinger J, Adams M B, Wynne J W. 2020. Bacteriomic profiling of branchial lesions induced by *Neoparamoeba perurans* challenge reveals commensal dysbiosis and an association with *Tenacibaculum dicentrarchi* in AGD-Affected Atlantic Salmon (*Salmo salar* L.)[J]. Microorganisms, 8(8):1189.

Sparg S G, Light M E, Van Staden J. 2004. Biological activities and distribution of plant saponins[J]. Journal of Ethnopharmacology, 94(2-3):219-243.

Stabile J, Waldman J R, Parauka F, et al. 1996. Stock structure and homing fidelity in Gulf of Mexico sturgeon (*Acipenser oxyrinchus desotoi*) based on restriction fragment length polymorphism and sequence analyses of mitochondrial DNA[J]. Genetics, 6, 144(2):767-775.

Stabili L, Rizzo L, Basso L, et al. 2020. The microbial community associated with *Rhizostoma pulmo*: ecological significance and potential consequences for marine organisms and human health[J]. Marine Drugs, 18(9):437.

Stopar K, Ramšak A, Trontelj P, et al. 2010. Lack of genetic structure in the jellyfish *Pelagia noctiluca* (Cnidaria: Scyphozoa: Semaeostomeae) across European seas[J]. Molecular Phylogenetics and Evolution, 57(1):417-428.

Su J L, Yuan Y L. 2005. Coastal hydrology of China[M]. Beijing:Ocean Press.

Terazaki M, Tharnbuppa P, Nakayama Y. 1980. Eradication of predatory fishes in shrimp farms by utilization of thai tea seed[J]. Aquaculture, 19(3):235-242.

Tinta T, Kogovšek T, Klun K, et al. 2019. Jellyfish-associated microbiome in the marine environment: exploring its biotechnological potential[J]. Marine Drugs, 17(2):94.

Tinta T, Kogovšek T, Malej A, et al. 2012. Jellyfish modulate bacterial dynamic and community structure[J]. PLoS One, 7:(6):e39274.

Tinta T, Malej A, Kos M, et al. 2010. Degradation of the Adriatic medusa *Aurelia* sp. by ambient bacteria[J]. Hydrobiologia, 645(1):179-191.

Titelman J, Riemann L, Sornes T A, et al. 2006. Turnover of dead jellyfish: stimulation and retardation of microbial activity[J]. Marine Ecology Progress Series, 325:43-58.

Toranzo A E, Magarinos B, Romalde J L. 2005. A review of the main bacterial fish diseases in mariculture systems[J]. Aquaculture, 246(1-4):37-61.

Tran L, Nunan L, Redman R M, et al. 2013. Determination of the infectious nature of the agent of acute hepatopancreatic necrosis syndrome affecting penaeid shrimp[J]. Diseases of Aquatic Organisms, 105(1):45-55.

Travers M A, Miller K B, Roque A, et al. 2015. Bacterial diseases in marine bivalves[J]. Journal of Invertebrate Pathology, 131:11-31.

Vagelli A A. 2007. New observations on the asexual reproduction of *Aurelia aurita* (Cnidaria, Scyphozoa) with comments on its life cycle and adaptive significance[J]. Invertebrate Zoology, 4(2):111-127.

Vezzulli L, Brettar I, Pezzati E, et al. 2012. Long-term effects of ocean warming on the prokaryotic community: evidence from the vibrios[J]. ISME Journal, 6(1):21-30.

Viver T, Orellana L H, Hatt J K, et al. 2017. The low diverse gastric microbiome of the jellyfish *Cotylorhiza tuberculata* is dominated by four novel taxa[J]. Environmental Microbiology, 19(8):3039-3058.

Wahl K L, Colburn H A, Wunschel D S, et al. 2010. Residual agar determination in bacterial spores by electrospray ionization mass spectrometry[J]. Analytical Chemistry, 82(4): 1200-1206.

Walayat S, Malik A, Hussain N, et al. 2018. *Sphingomonas paucimobilis* presenting as acute phlebitis: a case report[J]. IDCases, 11:6-8.

Wang J, She J Y, Zhou Y C, et al. 2020. Microbial insights into the biogeochemical features of thallium occurrence: a case study from polluted river sediments[J]. Science of the Total Environment, 739:139957.

Wang Y T, Sun S. 2015. Population dynamics of *Aurelia* sp. 1 ephyrae and medusae in Jiaozhou Bay, China[J]. Hydrobiologia, 754(1):147-155.

Ward R D, Woodwark M, Skibinski D O F. 1994. A comparison of genetic diversity levels in marine, freshwater, and anadromous fishes[J]. Journal of Fish Biology, 44(2):213-232.

Weiland-Bräuer N, Neulinger S C, Pinnow N, et al. 2015. Composition of bacterial communities associated with *Aurelia aurita* changes with compartment, life stage, and population[J]. Applied and Environmental Microbiology, 81(17):6038-6052.

Welkos S, Bozue J, Twenhafel N, et al. 2015. Animal models for the pathogenesis, treatment, and prevention of infection by *Bacillus anthracis*[J]. Microbiology Spectrum, 3(1):TBS-0001-2012.

Wiese J, Thiel V, Gartner A, et al. 2009. *Kiloniella laminariae* gen. nov., sp. nov., an Alphaproteobacterium from the marine macroalga *Laminaria saccharina*[J]. International Journal of Systematic Bacteriology, 59(2):350-356.

Wilson G S, Raftos D A, Nair S V. 2011. Antimicrobial activity of surface attached marine bacteria in biofilms[J]. Microbiological Research, 166(6):437-448.

Wright S. 1943. Isolation by distance[J]. Genetics, 28(2):114-138.

Wright S. 1951. The genetical structure of populations[J]. Annals of Eugenics, 15(4): 323-354.

Xu Q Z, Zhang L B, Zhang T, et al. 2017. Functional groupings and food web of an artificial reef used for sea cucumber aquaculture in northern China[J]. Journal of Sea Research, 119:1-7.

Yun L, Yu Z H, Li Y Y, et al. 2019. Ammonia nitrogen and nitrite removal by a heterotrophic *Sphingomonas* sp. strain LPN080 and its potential application in aquaculture[J]. Aquaculture, 500:477-484.

Zeng Y X, Yu Y, Qiao Z Y, et al. 2014. Diversity of bacterioplankton in coastal seawaters of

Fildes Peninsula, King George Island, Antarctica[J]. Archives of Microbiology, 196(2): 137-147.

Zhang F, Sun S, Jin X S, et al. 2012. Associations of large jellyfish distributions with temperature and salinity in the Yellow Sea and East China Sea[J]. Hydrobiologia, 690(1):81-96.